教科書沒有告訴你的
奇趣冷知識

動物篇

明報出版社編輯部 編著

目錄 ··

陸上動物的千奇百怪

動物飛行故事

海洋中的秘密

昆蟲的生存法則

走進恐龍時代

陸上動物的
千奇百怪

哺乳類動物之最？

　　哺乳類動物的起源在什麼時候？是否曾跟恐龍一起生存在這個地球？有研究指出，現代胎盤哺乳動物群體，起源於 6600 萬年前白堊紀一古近紀的恐龍大滅絕之後，換句話說，屬於哺乳類動物的靈長類、嚙齒類、鯨類、肉食性動物、翼手類（蝙蝠）以及人類，都未曾見過恐龍。

　　哺乳類動物有三大特徵：胎生的、哺乳的和熱血恒溫的。但現存最原始的哺乳類動物卻缺乏了胎生這個特徵。2500 萬年前就出現的鴨嘴獸，是最原始的卵生哺乳類動物。鴨嘴獸在動物分類學中，歸入「原獸類」，或是「單孔類卵生哺乳動物」。牠們一方面是卵生的，另一方面卻

是用肺呼吸，身上有毛，是熱血動物。所以牠的定位是在爬蟲類與哺乳類之間，醒目過爬蟲類，但又不如哺乳類，像留級生一樣在升班與留班之間徘徊。如名稱一樣，有個鴨嘴，但趣怪的外表背後，牠是有毒的。

在哺乳類動物之中，體型最大的是藍鯨（會在海底世界之最中詳述）。而在陸地上，現存最大的動物則是雄性的非洲象，牠們肩高約 3 米，體重 5,000 至 6,000 公斤。但最大又不等於最高，最高的相信大家都知道了，是平均 5 米高的長頸鹿。在陸地，無論捕獵還是逃跑，都需要速度，所以跑得快相當重要。在陸上奔跑速度最快的動物是獵豹，時速 120 公里，爆發力驚人，在 4 秒內就已經達到時速 100 公里的速度。

其餘比較有趣的哺乳類動物之最：牙齒最多的動物是蝸牛，小小的嘴巴，竟然有 2 萬 5600 顆牙齒，究竟科學家是如何數出來的呢？而足部最多的是千足蟲，在北美巴拿馬山谷有一種叫「大馬陸」的千足蟲，有 690 隻足，最接近千足，是個世界紀錄。至於手部最多的……不如我們先弄清楚，哺乳類動物哪一雙是手，哪一雙是腳吧。

最後，頭腦最發達的哺乳類動物，是我們，人類。恭喜自己！

貓咪竟然做過 CIA 間諜？

60 年代，美國和蘇聯冷戰，為了得到對方的情報，可謂各出奇謀，竊聽器容易被找到，所以就要找神不知鬼不覺的方法，美國中央情報局（CIA）就曾經嘗試把一隻貓訓練成「間諜貓」。

首先，他們為貓咪準備永遠不能脫下來的裝備，就是做手術把咪高峰植入貓的耳道，然後在身體裏植入電池和一個發射器，這樣情報人員就能聽到貓在行走時，周遭的聲音。

接着，就是最艱難的部分：他們為貓咪進行訓練，教

導牠如何聽從指揮，如何走到指定的地方（如對方會議室的窗邊、餐廳的枱底等）。要知道，就算你在說一個天大的秘密時，身邊多了一隻貓，也不會為意正在被竊聽，何況其時為 60 年代，更讓人想像不到。這個「間諜貓計劃」命名為「Acoustic Kitty」，花了 5 年時間，共 1300 萬美元做研究，當中亦有困難的時候，原來當貓感到肚餓時，就會自行離開工作崗位，無論怎樣訓練都解決不了！那怎麼辦？研究人員決定為牠進行減輕肚餓感的手術（很可憐的……）。終於，萬事俱備，「間諜貓」的第一個任務，就是要在華盛頓 DC 蘇聯大使館附近的公園，竊聽兩位目標人物。只見貓咪一步一步的走近，突然……一輛無情的的士駛過來，把「間諜貓」撞倒地上！幸好貓有 9 條命，並未殉職，但似乎也不能繼續進行任務了。「間諜貓」計劃徹底失敗，而美國也不打算繼續試驗下去。

這事件直到 2001 年美國公開有關檔案，才讓世人所知道。不過 CIA 前技術局長 Robert Wallace 卻於 2013 年聲稱，「間諜貓」並沒有被的士撞倒，而是在訓練過程中就放棄了計劃，因為太過繁複了。而事後，CIA 亦有動手術把貓咪身上的裝置取出。無論如何，局長此說，更證實「間諜貓」的確存在過。

大貓小貓的區分
不是靠體型？

　　不知道你有沒有想過，為什麼身型嬌小的寵物貓屬於貓科，威風凜凜的老虎同樣屬於貓科？大貓和小貓到底該怎樣區分？根據動物學的分類，貓科中可分為「貓亞科」和「豹亞科」，前者簡稱小貓，後者則簡稱大貓，但兩者並非絕對以體型大小來加以區分。例如美洲獅便屬於貓亞科（小貓）這一類，而體型不及美洲獅的雲豹，則被歸類為豹亞科（大貓）。

　　聲音是區分大貓和小貓的重要依據。屬於豹亞科的動物皆能發出震撼、厚實的吼叫聲，比如有「萬獸之王」之稱的獅子和「百獸之王」老虎，兩者有着標誌性的雄厚吼

叫聲，因此屬於大貓的行列。而一般的家貓、美洲獅等動物無法大聲咆哮，只能發出咪咪聲或咕嚕的喉音，因此屬於小貓科。

另一方面，瞳孔的形狀也是區分大貓和小貓的準則。豹亞科動物的瞳孔呈圓形，如果你仔細看老虎的眼睛，會發現牠們擁有大而圓的眼睛，瞳孔在不同光線下會保持圓形地縮放。而貓亞科動物的瞳孔則是紡錘狀的，當牠們的瞳孔收縮時，會呈現尖細的針形。日本流傳了一個說法，形容家貓的眼睛「六時圓、五七如卵、四八似柿之核，九時如針」，意思是隨着清晨的太陽慢慢升起，光線愈來愈猛烈，貓咪的眼睛會從圓形逐漸收縮，變成雞蛋、柿子核的形狀，最後像針一樣變成一道細縫，這個說法能夠幫助我們分辨出小貓。

此外，體型相當的豹亞科動物和貓亞科動物相比，前者的犬齒更長，4 隻爪子也更強壯。好像豹亞科的雲豹與貓亞科的猞猁同樣約長 1 米，但雲豹擁有現存貓科動物中最長的犬齒，咬合力達到 334N，而猞猁的咬合力只有 310N 左右。

新一代的貓
開始怕老鼠？

近年，貓咪怕老鼠的片段不時在網上出現。但貓咪不是應該捉老鼠的嗎？其實貓捉老鼠並不是不可證實的「都市傳說」，相反是有科學根據的。因為老鼠體內有貓所需要的牛黃酸，牛黃酸對貓咪來說有營養，可以幫助牠們提高夜視能力，以及預防心臟疾病。除此之外，亦有人類影響的因素，據說，最初馴養貓的古埃及人，為了解決鼠患，特別訓練貓咪捕食老鼠，由於老鼠繁殖能力強，數量龐大，漸漸變成貓的主要「對手」，而貓捕鼠的技能也就這樣代代相傳下來。

貓是肉食動物，所以牠們並非只吃老鼠肉。我們都知

道貓咪愛吃魚，但這只對了一半，其實貓什麼肉都吃，只是古埃及人身處尼羅河流域，自己食魚，也就給所飼養的貓食魚。曾經有一位動物行為學家做了一個實驗，研究貓究竟喜歡吃哪種肉，結果顯示，牠們喜歡羊肉、牛肉、馬肉、豬肉、雞肉，然後才到魚肉。

現在，其實也不到牠們選擇，野貓打不過牛羊馬豬，如何吃其肉？家貓就靠主人餵飼，而我們的刻板印象認定牠們愛吃魚，就連貓糧都是魚的味道。

說回貓為什麼怕老鼠，雖然未有科學家研究，但也不難想像出結論：在網上拍攝到怕老鼠的都是家貓，家貓被馴化了，漸漸失去往昔的生存本事；相反老鼠一直「自力更生」，心口掛個勇字，面對畏縮的家貓，自然有恃無恐。如果觀看野貓對老鼠的反應，就可以知道當年古埃及人的訓練，有沒有在貓的 DNA 中，代代相傳。

為什麼狗狗會有
夜視能力？

　　街道上沒有一盞街燈是亮的，風蕭蕭，夜闌人靜，這時最好有人類的好朋友在身邊，因為狗狗原來有夜視能力！

　　科學家發現，狗狗的夜視能力是人類的 5 倍，牠的遠景視覺和深度感知能力，比人類要好得多。在漆黑的夜晚，狗狗可以清楚看到 50 米以內的定點目標物；至於動態的物體就更厲害了，出現在 800 米範圍內的，也能盡入牠們的眼簾。

　　狗狗的夜視能力，全賴眼中的「視桿細胞」（Rod

Cell）。眼睛捕捉光線的細胞稱為光感受細胞（視細胞）。而光感受細胞分兩種，其中一種用來感受弱光，負責夜間視覺的──視桿細胞。在狗狗的眼睛構造中，牠的視網膜後方有一個「反光色素層」，這裏能把光線反射通過視網膜，並刺激視桿細胞，而狗狗的視桿細胞又特別多，所以在牠們眼中，晚上光線的亮度比起人類所感知到的亮度高出兩倍。此外，視桿細胞在微弱光下能夠區別灰色，所以狗狗可以分辨出人類無法分辨的，很細微的灰色之間有什麼分別，不過，由於只是有較高的感光能力，所以在完全漆黑一片的密室中，狗狗還是什麼都看不到的。

而當白天來臨之後，人類看事物就比狗狗較為清晰。很多人以為狗狗有色盲，其實不然，這只是狗狗在日間對色彩的感知比人類差。這裏就要談到另一種光感受細胞「視椎細胞」（Cone Cell），視椎細胞負責日間視力，辨別顏色，大部分人類會有三種日視細胞，但狗狗的只有兩種。所以牠們不懂分辨黃橙綠三色，只以為是深淺不同的黃色，也不會看見紅色，以為是土黃色；而我們的紫色，在狗狗眼中卻是藍色，而藍綠色就是灰黃色。

由於狗狗的眼中只有黃藍兩色，所以我們以為狗狗是紅綠色盲，雖然結論一樣但其實原因並不一樣。所以，如果要讓狗狗看見「真正的你」，就要好好配合牠，穿黃藍色的衣服了！

狗狗聰明得懂跳舞？

　　不少品種的狗都非常聰明，能夠聽懂人類的各種指令，甚至成為不同類型的工作犬。在眾多狗狗之中，哪些品種最聰明呢？加拿大一名心理學教授曾對不同品種的狗做了一項綜合本能、適應能力和工作服從能力的測試，以下就是排名前五的聰明犬種：

　　名列第五的是杜賓犬，又稱為都柏文犬，是德國狼狗與洛威拿犬種的後代。這種犬隻有漆黑的毛皮，4隻爪子和嘴巴部分呈棕色，看起來高大又帥氣。牠們威武有力，擅於服從指令，而且勇於保衛領土，因此常常成為警犬和護衛犬。

第四位是精力充沛又常常面帶微笑的金毛尋回犬，牠們原生於蘇格蘭，個性友善親人，能夠學會不少複雜的指令，是少數聰明得能夠勝任導盲犬的犬種之一。

　　第三位是德國牧羊犬，又稱為德國狼狗。牠們與親戚杜賓犬同樣高壯又威風，既忠誠又聰明。早在第一及第二次世界大戰時，牠們已常常接受訓練，以軍犬的身分隨軍。目前在世界各國中，牠們常常會擔任搜救犬、導盲犬、牧羊犬等工作。

　　第二名來到貴婦狗，這裏所指的是體長 60 厘米以上的標準貴婦狗，迷你玩具貴婦狗就沒有標準種那麼聰明了。這種體型纖細優雅的犬種不只是受歡迎的寵物狗，原來牠們在過去曾是一種水獵犬，受訓過的貴婦狗更能完成複雜指令，在馬戲團中表演。

　　最後，最聰明的狗就是邊境牧羊犬，牠們不但能辨認逾千個單字，還擁有邏輯推理能力。學術界指出邊境牧羊犬的智商等同約 6、7 歲的人類小孩，牠們甚至能記得複雜的舞蹈動作，與主人一起跳舞。目前，世界各地有不少寵物狗舞蹈比賽，你可以在這些比賽中，看到世上最聰明的小狗跳舞時的英姿呢！

兔子喜歡吃自己的便便？

　　一想起兔子，除了龜兔賽跑這些小學就聽過的故事，大家腦海中會否想起兔子追着紅蘿蔔的畫面？不過，其實兔子不喜歡吃紅蘿蔔的，牠們喜歡吃……糞便。

　　別驚訝，如果你正在飼養兔子，見到牠「翻兜」自己的排泄物，請不要阻止牠們，因為牠們確實有此需要。當兔子消化完一餐之後，就會排泄，然後把「便便」吃掉，因為牠們消化的速度實在太快了，第一次吃東西時可能會錯過部分營養，所以在牠們眼中，那些不是「便便」，而是剩餘的營養，必須再一次吸收。至於牠們如何分辨真正「便便」和「剩餘的營養」？就要問問兔子自己了。不過

有人發現，「能吃」的「便便」，會比普通「便便」更軟身。

說到這裏，你是否也想嘗嘗看兔子的「便便」？（讀者按：你說笑吧？！）不，剛才也說過了，兔子的糞便帶有營養，對人來說都一樣的，所以它其實是一種中藥，叫明月砂，又叫望月砂，是乾了的兔子糞便，「其性味辛平，入肝、肺經，用於明目殺蟲，治目暗翳障、癆瘵、疳疾、痔漏等症；常用量 3 至 9 克。」有興趣的話可以到中藥店買來試試。

說回紅蘿蔔的問題，其實兔子不是不喜歡吃，你給牠們一根，牠們也會好高興的放進嘴中，但只能當作是零食，因為紅蘿蔔糖分太高太甜，兔子吃了可能會有蛀牙，對，情況就像我們對待糖果一樣。至於兔子喜歡吃什麼呢？牠們一般喜歡吃草。

說到蛀牙，跟人類不一樣，兔子的牙齒是會不斷生長。因為野兔所吃的植物，大多都難以咀嚼，會損害牙齒，如果牙齒不會繼續生長，很快就會被磨壞，所以在進化的角度，牠們的牙齒以每年 5 英寸的速度生長。在另一個角度，我們養兔子時，不能給牠吃得太好，反而要給牠可以磨牙的粗糙植物，否則牙齒就會太長，妨礙進食。

鬥牛時衝向紅布的牛
原來是色盲的？

　　提起西班牙鬥牛，大部分人都會想到鬥牛士在牛面前揚起鮮艷的紅布，撩起牛的怒火，令牠們氣得橫衝直撞的畫面。不過，牛真的討厭紅色嗎？其實，牛可是個不折不扣的大色盲！

　　科學家曾經做過不同的實驗，證明牛的視網膜上只有兩種視錐細胞，一種介乎於紅色和綠色光之間，另一種則可以感受藍色光。這些視錐細胞是決定動物能否分辨顏色的關鍵，比如人就有三種視錐細胞，因此可以判斷不同顏色。可是牛先天沒有綠色的視錐細胞，因此牛的視覺與紅綠色盲的人類相似，無法辨認紅色和綠色，只能看到不同

深淺的灰或棕黃色。這種失去光敏色素的動物，在生物學上稱為「二色性視覺動物」。

既然牛無法辨認紅色，那麼為何牠們會被鬥牛士的紅布惹怒呢？這個問題在 1923 年已得到科學的解答。原來牛對靜止的物體不感興趣，相反，抖動的東西能引起牠們的興奮。有科學家嘗試把紅、黃、藍、黑、白、灰等顏色的布料在牛面前晃動，結果發現，不論鬥牛士使用什麼顏色的布，牛同樣會因為有事物騷擾自己而變得煩躁。因為牛注意的並不是旗子的顏色，而是旗子的亮度和揮動的幅度。正因如此，鬥牛士不但會拿着紅布，還會穿着閃亮華麗的衣服和斗篷，務求引起牛的注意。

除了色盲之外，牛的眼睛還有一項特點，那就是牛的瞳孔是方形的。矩形的瞳孔比圓形瞳孔更能吸收光線，可以營造更廣闊的視野，幫助牛兼顧四周和中間的環境。這使作為草食動物的牛能夠更快、更容易地注意到四周的捕食者，使牠們能夠盡快反應和逃跑，大大增加牛在野外生存的機會。

保護犀牛的方法是
切去牠們的角？

　　犀牛角是珍貴中藥材之一，最大的作用是抑制腫瘤生長及解毒，即是抗癌。此外亦能治療血毒引起的皮膚病，如牛皮癬等，是清熱解毒、定驚止血的良藥。古人更會把犀牛角做成酒杯，希望犀牛角的藥性能夠溶於酒中，那麼飲酒的同時，又有保健的作用，預防勝於治療。

　　但在中國，犀牛在 1922 年已經證實被滅絕。犀牛角的藥用價值早在宋朝的古籍上已經有記載，可想而知我們的祖先在很早的時候已經對犀牛做着殘忍的事，加上人類對大自然的過度開發，令到適合犀牛生活的雨林之地愈來愈少。

世界各地現在仍然有犀牛。而保護犀牛的方法，很諷刺地，就是把犀牛的角切下來。2021 年，法國索里野生動物園有狩獵者進園槍殺了一隻白犀牛，然後奪去其角，震驚歐洲，於是捷克動物園就把園內 18 隻犀牛的角都切下來。原來，把犀牛的角切掉，往後是可以長回來的，既然人類要的只是犀牛角，只要犀牛沒有角，就可以保護牠們了！

　　據說，把犀牛角切下來的舉動由來已久，不過並不普及，因為要安全切下犀牛角，需要花上很大的人力財力和時間，如果要保育野生犀牛，就必須出動直升機追蹤，然後找獸醫下麻醉藥，再小心翼翼地切下 90% 的犀牛角，像指甲一樣，留下一點點，那麼犀牛角之後就會再長回來 ——也因為角會再長回來，所以這樣的手術只會無日無之。

　　但割掉犀牛角，就能保護到犀牛了嗎？不一定。也有聽聞部分狩獵者連僅餘的 10% 犀牛角也不放過，而他們去角的方法十分殘暴：直接獵殺然後連皮撕掉。另一方面，沒有了角的犀牛，在生活上也有障礙，最明顯的是牠們會用犀牛角來打架，跟同類爭地盤也好，面對獅子時的自我保護也好，犀牛角都是最重要的武器。

　　要真的保護犀牛，就要好好打擊人類的惡意，放棄犀牛角，還牠們自由。

大象的智商可以念幼稚園？

　　每天照鏡子時，你可以在鏡子中看到自己的樣貌和動作，這是人類擁有自我意識，智力較一般動物更高的表現。科學家通過鏡子測試，找出擁有高度智力的動物，而大象就是其中一個能通過這項測試的動物。

　　鏡子測試是指在動物面前放一面鏡子，在牠們身上畫上記號，然後觀察動物能不能注意到鏡像中自己身上的記號，然後觸碰自己。這個測試能判斷動物能不能意識到鏡中的影像是自己。

　　美國紐約布朗克斯動物園的研究團隊曾安排 3 隻大

象接受鏡子測試，當大象看到鏡子後，很快就開始用鏡子檢視自己的身體，一會張開嘴看看嘴巴，一會扇動耳朵看看自己的大耳。研究人員接着在牠們臉上畫上白色十字標記，結果大象看到鏡子中的影像後，馬上嘗試觸碰自己的臉，而不是伸長鼻子去摸鏡中的白色十字。這項實驗證明了大象擁有自我意識。人類的嬰兒至少要在 2 歲後才會明白鏡子中的人是自己，由此可見，大象的智力水平最少超過人類 2 歲時的水平。

事實上，大象的聰明程度絕對是在所有動物中名列前茅的。大象擁有超強的記憶力，曾有研究人員向大象播放已死去 2 年以上的同伴聲音，結果大象馬上便靠近聲源，反映牠們的記憶力長達 2 年以上。與此同時，大象也擁有團隊合作和溝通能力，能夠與同伴一起解決問題，例如解開人類佈置的機關，以獲得當中的食物。在動物園中，一些受過訓練的大象還可以根據指令，做出敬禮、鞠躬、噴水等指定動作，甚至能夠畫出自畫像，計算簡單的數學題等。有科學家認為，大象的智商略等於 4 至 5 歲的人類小孩，實在是動物界中的智者。

原來替聖誕老人拉車的馴鹿都是女生？

　　每年聖誕節，健壯的馴鹿都會為聖誕老人拉車，把禮物送到世界各地。但你知道嗎？原來替聖誕老人拉車的好幫手們竟然都是女生！

　　馴鹿屬於鹿科馴鹿屬，又稱為角鹿，主要生活在北美洲和歐亞地區北部。身型高大的馴鹿肩寬可以達到 1.2 米，身體全長超過 2 米。雄鹿和雌鹿的體型差距很大，有些品種的雄性馴鹿，體型可以比雌性大一倍以上。最特別的是，馴鹿是世界上唯一一種不論雄性還是雌性都長有角的鹿。一般而言，雄性馴鹿的角十分「宏偉」，角身粗大，巨型的可以有超過 30 個分叉。雌鹿的角就比雄鹿的

小巧很多，顯得十分精緻，看起來好像海底的漂亮珊瑚。

　　無論是雄鹿還是雌鹿，馴鹿每年都會更換一次頭上的鹿角。當牠們需要換角時，你可能會在路上看到馴鹿一蹦一跳，頭部左搖右擺，不一會兒，巨大的鹿角便「咚」一聲掉在地上。不過，不同性別的馴鹿，換角季節都有所不同。每年冬季，約莫 12 月左右，雄鹿的角便會從頭上脫落，到春天時才長出新角；而雌鹿則會到春天才換角。因此，每年 12 月頂着美麗的鹿角替聖誕老人拉雪橇的馴鹿，一定都是貨真價實的雌鹿。

　　順帶一提，鹿角除了好看外，亦是一種珍貴的中藥。原來雄鹿在春天換角時，鹿角上會長出一層帶茸毛的皮，當牠們的角成型後，那層薄皮和未成型的幼角就會脫落，脫落的部分稱為「鹿茸」。鹿茸具有行氣活血，滋補養生的作用，因此價格不菲。有一些不法商人會為了圖利，強行取下馴鹿的角，令牠們受到嚴重的傷害。希望人們能夠好好愛惜馴鹿和牠們的鹿角，讓牠們能自由、健康地繼續在棲息地生活。

長頸鹿只會睡 2 小時？

長頸鹿有一個有趣的習性，就是每一次睡覺，只會睡大約 2 小時。

長頸鹿的脖子很長，也因為脖子長，所以成為世界上最高的動物，雌鹿有 4 米多高，雄鹿則有 5 米，最高記錄為 5.78 米，這樣龐大的動物，只睡 2 小時足夠嗎？

這也是無可奈何的。長頸鹿生長在非洲，與獅子老虎為伴，為了避免敵人有機可乘，長頸鹿的眼睛特別大，像一個望遠鏡；耳朵不停旋轉，像一個雷達，時刻監視附近有沒有敵人。可是，在牠們睡覺的時候，這些監察系統也

同時進入睡眠狀態了，這個時候的長頸鹿，正處於十分危險的狀況。

而且，長頸鹿在這 2 小時的睡眠中，大部分時間都是站着睡的，將腦袋倚着樹枝。這樣的架式，獅子老虎都不會輕易靠近，因為不能一擊即中長頸鹿的要害。可是，站着睡也不是辦法，未能進入深層睡眠，就得不到充份休息，所以在這 2 小時入面，有 20 分鐘會躺着睡，而這迫不得已的 20 分鐘，便是牠們最危險的時候。不但是因為睡着了，而且長頸鹿頸長腳幼的特點，令牠們躺下之後幾乎要花 1 分鐘才能站起來，這又怎能從獅口和虎爪中逃脫得了呢？

所以有時候，這 2 小時也不一定是連續的。牠們有時會倚樹小睡 10 分鐘後就會醒過來，這就是所謂的「分散式睡眠法」。所以我們很少會見到長頸鹿睡覺——牠們根本不想讓我們見到。除了睡覺外，喝水的片刻也是長頸鹿最危險的時候，牠們雙腿張開，脖子「烏」向水源的架勢，就像向獅子老虎發出「你們可以來攻擊我」的信號，所以長頸鹿是群居動物，喝水時有同伴負責把風。

同是動物，為什麼獅子要睡 20 小時，長頸鹿睡 2 小時就可以？因為長頸鹿是草食性動物，平時耗能較少，休息時間也就不需要太多了。

斑馬是黑馬還是白馬？

斑馬是黑白色，這當然是常識。但斑馬是一隻有白色斑的黑馬，還是一隻有黑色斑的白馬呢？

這個問題很容易有答案，不過就要殘忍一點點。有人就為了找出答案，拿出一把剃刀，把斑馬的毛都剃掉！答案是：斑馬是一匹有白紋的黑馬！

也有動物學家用文明的方式去找答案，並提供了更多的資料。原來，當斑馬還是一個胚胎的時候，皮膚是全黑的，而在發育的過程中，大約在第五周開始，某些部位的黑色素有缺失，「甩色」後出現了白色的條紋。斑馬的紋

理，就像我們的指紋一樣，是獨一無二的，理論上我們可以藉着條紋識別個別的斑馬，但事實上我們還以為是一模一樣。

斑馬是野生的，卻較難被馴養。我們的祖先喜歡騎馬衝鋒陷陣，為什麼從沒有人騎斑馬？這跟斑馬本身沒有家族結構有關。雖然斑馬是群居動物，一隻斑馬爸爸配上幾隻斑馬媽媽，聯同一班斑馬小朋友，就在大自然闖蕩江湖，但牠們中間並沒有一個領袖，只是「拍檔」關係。這部分就不像其他馬匹，有什麼事找「大佬」商量就可以，所以只要人們馴服到「大佬」，就能馴服整個馬群，久而久之就馴服了這個品種。但斑馬不一樣，即使馴服了一隻斑馬，還有千千萬萬隻不服。非洲人就曾經想讓斑馬學着拉馬車，但牠長大後一個不服氣就反過來攻擊人類，十分危險。所以馬是人類的朋友，斑馬不是。

雖然人類做不成斑馬的朋友，但有另一種動物可以，那就是鴕鳥！鴕鳥的嗅覺和聽覺很差，而斑馬的嗅覺不錯，耳朵也能感應周遭的危險；同樣地，斑馬的視力不行，鴕鳥舉頭就能看得一清二楚，像人類跛子與瞎子的故事，斑馬和鴕鳥是共生關係，在大自然中互相依存着，你中有我，我中有你。

樹熊寶寶愛吃
媽媽的糞便？

　　樹熊是澳洲的標誌性動物之一，這種全身灰色的小熊眼睛圓滾滾的，鼻子黑又圓，配上毛茸茸胖乎乎的身體，實在非常惹人憐愛。可是這種動物的飲食習慣非常特別，小樹熊的食物甚至可能令你厭惡。

　　樹熊的英文名稱是「Koala」，源於澳洲原居民的方言「Gula」，意思是「不喝水」。和每天需要喝大量液體的人類不同，樹熊一生都不會爬下樹幹，更不會主動尋找水源喝水。這是因為牠們以尤加利樹的樹葉為唯一糧食，而這種樹的樹葉含水量超過 50%，最高可達到 70%；加上樹熊的舌頭上有能夠辨測苦味和水分的受體，這有助牠

們找出含水量較高的葉片，從中吸收足夠的水分。

　　尤加利樹葉雖然十分水潤，但當中含有大量毒素，而且十分粗糙，大部分營養成分都是纖維，只有極少部分是營養。這使樹熊需要通過不斷進食來吸收養分。別看樹熊身材圓圓的，其實牠們的體脂率非常低，只是因為毛皮很厚才顯得比較圓潤。糧食缺乏營養令樹熊沒有多餘的活動能力，每天都會睡超過 20 小時，從而減少身體活動時的熱量消耗，是名副其實「吃飽睡，睡飽吃」的動物。

　　令人意想不到的是，樹熊剛出生時並沒有牙齒，所以無法嚼食粗糙的尤加利葉。因此小樹熊會留在樹熊媽媽腹部的育兒袋中，並經常順着向下方開啟的袋口伸出頭來，舔食媽媽的糞便。這是因為媽媽的糞便經過消化後，已變成了半流質，而且當中含有尤加利葉的營養，所以成了小樹熊優質的養分來源。小樹熊會在育兒袋中停留半年，直到牠們長出牙齒，能獨立食用樹葉過後，才不需要再吃媽媽的糞便。不知道這個小知識會不會嚇你一跳呢？

除袋鼠和多啦 A 夢外，
世界上還有什麼有袋動物？

　　袋鼠媽媽帶着寶寶活動的模樣令人憐愛，原來世界上除了袋鼠，以育兒袋照顧寶寶的生物還有很多！腹部下方長有育幼袋的哺乳類動物在生物上都被歸類為「有袋上目」，或稱「有袋類」，當中不少動物都長得非常可愛。

　　與袋鼠同樣生活在澳洲的袋鼴形似鼴鼠，即俗稱的「田鼠」，牠們主要在地底下生活，體長 12 至 16 厘米，眼睛藏在厚厚的毛皮底下，會以銳利的四爪挖地。在生育季節時，雌性袋鼴的育幼袋會張開，孕育幼鼠。較特別的是，袋鼴的育幼袋是向下打開的，這是為了防止牠們的育幼袋內裝滿地底的沙土。

另一種有袋動物是袋貂，這種動物分支底下包括袋貂、袋貓、袋鼯等。其中的袋鼯主要生長於澳洲東部和北部，毛皮柔軟，眼睛大而圓，看起來十分像精靈的小松鼠。牠們可愛的長相受到人們的歡迎，近年逐漸有寵物店出售蜜袋鼯，供人飼養。雌性蜜袋鼯的腹部中央有育幼袋，每胎可懷 1 至 2 隻小蜜袋鼯，幼鼯會在育幼袋內停留兩個月左右，待毛皮長出後才離開。

　　雖然有袋動物主要在澳洲出沒，但美洲同樣可以找到牠們的身影。有袋負鼠分為北美負鼠和南美負鼠兩種，依據名稱分別生活在北美洲和南美洲。牠們像一隻大型的老鼠，擁有長長的鼠尾巴，但卻像鼩鼠一樣有一個尖長的鼻子，看起來沒有蜜袋鼯那麼甜美可親。負鼠繁殖能力驚人，一年可生三胎，每胎可生產約 20 隻小負鼠。不過，小負鼠的夭折率較高，一胎負鼠大概只有一半可以長大到離開媽媽的育兒袋。當幼鼠長出毛皮，有能力自由活動後，牠們便會像在玩捉迷藏一樣，在媽媽的育兒袋中進進出出，非常活潑。

北極熊原來是黑熊？

　　提到北極熊，你一定會想起牠們能完全融入雪地的雪白毛色。假如告訴你，北極熊的皮毛其實並不是白色的，相信你一定會非常驚訝。接下來，就讓我們一起了解北極熊毛皮下的秘密吧！

　　北極熊是陸地上最大的肉食動物，如果牠們用兩條腿站立起來，身長可接近 3 米。雄性北極熊的體重更可達到 800 公斤，可以說是北極圈的「巨無霸」。牠們之所以可以在寒冷的北極地方生活，全賴牠們擁有保暖性極強的皮毛。

其實，北極熊的皮膚是純黑色的，而毛髮則是透明的。這些毛髮是一根又一根沒有顏色的空心管，管的內壁較為粗糙，因此光線會在毛髮之中不斷折射和反射，令肉眼看起來像是白色。這就好像雪本應是透明的，但由於光的折射，所以才會呈現出白色。

空心的毛髮構造不但令陽光能夠不斷折射，形成北極熊標誌性的雪白毛色外，同時能夠吸收陽光，以適當的波長進入北極熊體內。這可以有效減少北極熊散失熱能，幫助牠們在嚴寒的極地保持溫暖。科學家就曾經使用能探測溫度的紅外線拍攝北極熊，結果發現牠們在鏡頭中幾乎隱身了，可見北極熊的毛皮幾乎能做到完全阻止熱能散失的功用。

除了皮毛之外，北極熊的黑皮膚也是幫助牠們保暖的好幫手。從北極熊外露的黑鼻子可見，牠擁有黑色的皮膚，這是因為牠們的皮膚中含有大量黑色素。而黑色具有吸熱的特質，因此在毛髮吸收陽光和紫外線的熱能後，北極熊便能用黑色的皮膚把紫外線轉換成熱能，吸入自己體內，減少身體的熱能散失。

食蟻獸的
「可持續」進食大法？

　　假如你每天只能吃一種食物，你會選擇吃什麼？你能一直吃同一種食物多久？你可能需要花點時間思考一下自己的答案，但世上有一種動物能一輩子只吃同一種食物，牠就是食蟻獸。

　　食蟻獸是一種哺乳類動物，主要分佈在中美洲到南美洲，生活在雨林和草原之中。不同品種的食蟻獸體型有着很大差異，最大的「大食蟻獸」體長可達 1.8 米，而最小的「侏食蟻獸」體長則只有 35 厘米左右。不過，無論體型是大是小，這種動物都是以螞蟻為主要糧食。一隻食蟻獸每天會進食 3 萬 5000 隻蟻，一個月就可以吃掉 100 萬

隻蟻，數量可謂相當驚人！

　　到底食蟻獸是怎樣進食的呢？原來牠們並沒有牙齒，只有一個長長的嘴。牠們會以每分鐘 150 次的速度伸出舌頭，深入蟻穴之中，吸食當中的螞蟻。為了更好地抓住獵物，食蟻獸的舌頭以細長聞名。大食蟻獸的舌頭可長達 61 厘米，比一般家養的小型貓狗身體還要長。除了長以外，食蟻獸的舌頭上還有很多細小的倒刺，幫助牠們勾着洞穴中的螞蟻，不讓獵物逃脫。加上牠們的嘴會分泌出極度黏稠的唾液，螞蟻想從食蟻獸口中逃出生天簡直是不可能的任務！

　　雖然食蟻獸能夠輕鬆捕食螞蟻，但牠們每次進食時，只會在同一個蟻巢停留 2 分鐘左右。這是因為當蟻巢受到攻擊後，負責驅趕敵人的兵蟻大約會在 2 分鐘後趕到「戰場」，反擊食蟻獸。另一方面，食蟻獸不對蟻巢趕盡殺絕，也能給予蟻群有足夠的時間繁殖和回復元氣，確保食蟻獸的「糧倉」能不斷補充食物，才不會導致「糧荒」。其實我們也不妨向食蟻獸好好學習，維持可持續發展的環境，避免過分捕食某些動物，導致生態危機。

DNA 和人類
有 98% 相似的動物？

人類有兩個近親，牠們是黑猩猩和倭黑猩猩。

生活在非洲西部和中部的黑猩猩，智商僅次人類，懂得使用簡單的工具。如果用文明發展的標準，牠們進入了石器時代。至於倭黑猩猩一直被認為是黑猩猩，直到 1929 年才被發現是獨立的物種。黑猩猩和倭黑猩猩的外表都跟大猩猩有點相似，只是身形較矮小和瘦小，其中倭黑猩猩的脖子較短，雙腿較長，懂直立行走，且比黑猩猩站得更為挺直，幾乎就是人類的姿勢。

為什麼說牠們是人類的近親？因為根據 DNA 測試，

牠們有 98.7% 的基因與人類相似。而這兩種猩猩之間的基因就更為相似，高達 99.6%。用人類親屬系譜去表達的話，黑猩猩和倭黑猩猩是親兄弟，牠們跟人類就是堂兄弟或表兄弟。

科學家認為，人類跟黑猩猩和倭黑猩猩，在 600 萬年前是同一個物種，後來因不明原因而分為兩支。至於黑猩猩和倭黑猩猩，則大約在 100 萬年前，因為不懂游泳而被剛果河分隔後，再進化成不同的物種。黑猩猩和倭猩猩之所以會被認為是兩個物種，原因是牠們的社會截然不同：黑猩猩是父系社會，行為上比較殘暴，富攻擊性；而倭黑猩猩則為母系社會，愛好平靜和隨和。

目前，黑猩猩的數量超過 3 萬 5000 隻，倭黑猩猩則大約有 1 萬 5000 至 2 萬隻，兩者的數量都在減少，倭黑猩猩更被列為瀕危級別。我們要好好保護地球，救救這些「堂哥表哥」，因為我們曾經都有相同的祖先。

沒有了龜殼的烏龜
還可以生存嗎？

　　烏龜最有特色的地方，就是龜殼。龜殼是一個強而有力的保護罩，別的動物遇上危險時會逃跑，而烏龜只要把頭部、四肢和尾巴全縮進龜殼後就基本上安全，像是一個流動的家，然而，如果烏龜離開了這個家，還能生存嗎？

　　答案是不可以的！因為烏龜並不是寄居蟹，龜殼自是烏龜出生開始就是牠的身體一部分。

　　龜殼其實由兩部分組成，朝天的背甲和朝地的腹甲，這兩部分結構又分為內層和外層。科學家在解剖死去的烏龜時，發現龜殼的內層是由骨板構成，外層則是由角盾片

組成，是烏龜骨骼系統中的一部分，相當於它的肋骨、胸骨與肩胛骨，而且與脊椎融合，又或者反過來說，背甲是脊椎的伸延，負責包裹和保護內臟，包括呼吸系統和消化系統。如果沒有殼，就等於沒有脊椎，烏龜是脊椎動物，所以沒有殼，就像人類沒有了皮膚，當然不能生存。

背甲和腹甲之間呈中空狀態，有足夠位置讓烏龜的頭和手腳縮進去，縮進去之後，其腹甲前端有像韌帶一樣的組織，就如人類關節一樣的作用，讓兩片龜殼完全關閉，呈防禦的狀態。在大自然裏，龜殼能抵禦大部分動物的牙齒壓力，其成分類似人類的指甲，有一定的柔韌性和厚度，而其拱起的形狀，在力學的角度可以承受很大的靜態壓力，一隻 20 厘米長的烏龜，可以讓一個小孩站上去也沒有問題。

不過，龜殼也不是不能被打破的盾，鱷魚的牙齒，就在這場矛盾大戰中戰勝了龜殼。當然，人為的破壞，也是龜殼所不能承受的，所以我們要愛護牠，不要以為龜殼堅硬，就用不同的方法虐待牠，因為龜殼中原來是有神經血管的，如果龜殼受傷，烏龜是會感到疼痛的，就好比有人向你的肋骨擊出一拳一樣。

21世紀還會發現新物種？

　　到了 21 世紀，竟然還可以找到新的動物品種，而且並非不可親近的奇珍異獸，而是可以溫馨手抱的類型，地球之奇妙，實在非我們能夠想像。

　　說的是在法國的科西嘉島，2019 年，人們誘捕了一隻聲稱外型介乎家貓與狐狸之間的動物，是從未發現過的新物種，他們稱為「狐貓」。狐貓身長大約 88.9 厘米，比普通家貓的約 50 厘米要長。耳朵又比家貓大一點，毛髮較為濃密。其實牠的樣貌像貓，根本不像狐狸，為什麼冠以「狐」之名，相信是因為牠的尾巴：全身橙色的毛，但尾巴竟然出現了黑色，變成黑橙的間條紋，這不就是狐

狸的尾巴嗎？

　　那當然，這只是有一點狐狸特徵的貓，不能算是狐狸。但比起牠像不像狐狸，更重要的是，根據 DNA 檢驗的結果，牠是從未被發現的貓科動物。其實狐貓早在 2008 年就在科西嘉島出現，科學家為了捕到牠，花了 10 年的時間尋找，現在找到了 16 隻，其中有一隻是雌性。牠們一直住在海拔 2,500 米的山上。

　　不過，法國狩獵和野生動物辦公室的首席環境技術員 Pierre Benedetti 並不認為科西嘉島是狐貓的原生地，因為當地農民一直有一個傳說，在公元前 6,500 年，他們的祖先曾經把一種罕有的貓科動物從非洲與中東地區帶來。而他堅信，現在發現的狐貓，就是當年那動物的後代。

　　狐貓不像狐，但世上有一個物種叫「貓狐」，就真的是狐狸的一種，特徵是耳朵特別大，可能因為體型像貓一樣只有 50 厘米左右，所以就被認為像貓。牠們通常生活在北美洲西部的平原和荒漠中，可惜隨着 18 世紀末對北美洲西部的開發，農場主人對會破壞農作物的貓狐十分反感，於是不斷獵殺，甚至用來練槍法取樂，所以貓狐已經滅絕。

　　希望狐貓不會步上貓狐的命運。

動物飛行故事

鳥類之最？

　　能在天空中飛翔的動物，幾乎都是鳥（應該只有蝙蝠不是）。但並非所有鳥都會飛，例如體型最大的鳥——非洲鴕鳥就不會飛了。

　　非洲鴕鳥生活在非洲和阿拉伯地區，其身高有 2 至 3 米，體重 56 公斤左右。順帶一提，牠的卵重 1.5 公斤，也是世界上最大的鳥卵。如果只計算在天空中飛的鳥，那最大的就是又名柯利鳥的灰頸鷺鴇。灰頸鷺鴇生活在非洲東南部，牠平均有 110 厘米長，60 至 90 厘米高，重 12.4 公斤，雙翼展翅的時候長 230 至 275 厘米。

雙翼展翅是鳥類獨有的特徵，也是牠們最漂亮的一刻。翼展的時候，漂泊信天翁平均可達 310 厘米，是現存鳥類之中最長最寬的，其中最大的一隻漂泊信天翁，其翼展更達到 370 厘米，被牠擁抱的話可真是不得了。

　　除了最大，還有最小。世上最小的鳥是產於古巴的吸蜜蜂鳥，牠的體長只有 5.6 厘米，跟蜜蜂差不多，用肉眼分辨的話幾乎要認牠做昆蟲了。此外，牠的卵也是世界上最小的鳥卵，你拿一支筆，在紙上畫一個最小的圓圈，那就是差不多的大小。

　　鳥的身上有羽毛。那羽毛最多的鳥，不錯，是最漂亮的天鵝，有超過 2 萬 5000 根，不知道是怎樣才能數得出來呢？至於羽毛最少的鳥是剛才提過的蜂鳥，只有不足 1,000 根，視乎其大小而定。至於羽毛最長的鳥是天堂大麗鵑，又稱「南美洲的極樂鳥」，身體呈綠、黑、啡色，最特別是尾部的羽毛，一直長下來是體長的兩倍，就像長頭髮得拖地的女性一樣，有一種傳說中的「女王美艷」感覺，所以在古代瑪雅，牠被認為是羽蛇神的化身。

　　其他有趣的數據如下：跑得最快的鳥是鴕鳥，每小時 72 公里。飛行速度最快的鳥是尖尾雨燕，每小時 170 公里，衝刺速度最快的是游隼，在俯衝抓獵物時，能達到每小時 180 公里。最後，原來鸚鵡可以活到 100 歲！

鳥所看到的顏色
比人類還多？

　　許多年前，人們都喜歡煞有介事的說：「我對眼就係證據！」事實上，我們眼睛看到的世界，真的就是世界的全部？原來，比起鳥兒，我們跟色盲沒有分別。

　　人類的世界七彩繽紛，但其實我們只能看到光的三原色：藍、綠、紅，其他顏色都是這三種色的不同組合。但鳥兒不一樣，牠能夠看到四種顏色，除了藍、綠、紅外，還有紫外線的顏色。多了一種色，就可以配搭出更多人類看不見的色彩。比如，在人類眼中黃黑色的黃胸鳴鶯，由於鳥兒能感受到紫外線，所以在牠們眼中的黃胸鳴鶯是彩色的，而且雌雄有別。

這可不只是空口說說，而是有實驗證明。科學家曾將一些雌雄黃胸鳴鶯標本放到野外，只見雄性的黃胸鳴鶯想盡辦法吸引雌鳥標本。很明顯地，牠們懂得分辨。

　　此外，也有研究人員測試科羅拉多州蜂鳥的視覺。他們把兩種飲料放在供水站，一種是蜂鳥喜歡的糖水，另一種則是普通水，兩邊都有一個 LED 裝置，射出綠燈，但糖水那一邊，則再加上只有鳥類才能識別的紫外線燈。那兩種燈在人類眼中都是一樣的，測試目的是看看蜂鳥能否識別紫外線來找到糖水。經過多次測試，也轉換了供水站位置，結果發現，蜂鳥每次都準確地以「紫外線＋綠色」為目標，飲用了糖水。在同樣的實驗換上「紫外線＋紅」、「紫外線＋綠」、「紫外線＋黃」、「紫外線＋紫」的組合，蜂鳥也一樣識別到。

　　經過科學家的努力，我們可以模擬出鳥類視覺的世界。原來，人類看到的鳥蛋是乳白色的，在鳥兒眼中卻是大紅色；人類看到的樹葉是綠色，果實是啡色，鳥兒看到的樹葉是粉紅色，果實是綠色。牠們看到的顏色反差較大，所以就能在更遠的地方找到巢穴和食物。

為什麼鳥兒在樹上睡覺時
不會倒下來？

我們在牀上睡覺，鳥兒在什麼地方睡覺？樹上。牠們並不是躺睡，是站着睡，而且不會掉下來，為什麼？這當中就有四大原因。

首先是鳥兒的腳趾，即爪的結構。鳥兒的腳趾長而細，即使處於放鬆時，仍然是抓緊的狀態，所以當牠們睡着了，牠的腳仍是緊緊的抓住樹枝。由於這個原因，每當鳥兒真的要飛翔時，牠們就要更加花力氣才能脫離樹枝。所以，在樹上的鳥兒，根本不會掉下來。這跟我們人類完全相反，如果我們懸掛在樹上，雙手必須花力氣才能緊抓着樹枝，不能放鬆。

其次，除了爪外，還有鳥類腳部的肌肉也是與別不同的。當鳥兒的腳趾抓住樹枝之後，牠的腿骨就會自然彎曲，身體的重量集中到爪的後半部骨骼。而當鳥兒入睡的時候，其腿部的一根特殊肌腱會自動像吸盤一樣「啜實」，吸在樹枝上。既有爪，又有吸盤，那怎會輕易掉下來呢？

第三，鳥兒的腦袋雖然不大，但其小腦卻非常發達。教科書上都提及過，小腦主宰平衡力，鳥兒很擅長調節運動和視角，所以也能好好的保持身體平衡，甚至比人類還要好，所以即使睡着了，只要小腦還在活動，就能穩定的站在樹枝上，不會東歪西倒，更不會掉下來。

最後，你有沒有想過，鳥兒其實從來沒有熟睡過？原因很簡單，牠們的個體太細小了，是大自然中的弱者，因此要時刻保持警惕，因為敵人每分每秒都有機會出現。牠們在睡覺時，其實是睜着一隻眼睛的！這時候，牠們的大腦一半睡覺，一半卻在警覺，科學家稱為「半球慢波睡眠」，睡覺與警覺的兩邊大腦是可以隨時交替休息，是否很有趣？

有人會形容沒有家的男人為「冇腳的雀仔」。鳥兒有巢，但天大地大，總不能一次飛行就能回到家，自然需要在不同的樹幹上休息。牠們的樹上不倒術，是數百萬年間進化而成的。

懂得向後飛的鳥？

　　提到以花蜜為主要糧食的動物，你可能會想到蝴蝶和蜜蜂，但其實有一種鳥類同樣喜歡吃花蜜，那就是蜂鳥。蜂鳥屬於雨燕目蜂鳥科，主要在中南美洲生活，品種有超過 300 種。這種小鳥外型優美，藍綠色的羽毛在太陽下閃閃發亮。有些品種還有着黃、紫或紅色的羽毛，色彩繽紛美麗，因此有「神鳥」、「花冠」之稱。

　　為了吸食蜂蜜，蜂鳥有着長而細的鳥喙，舌頭像一根線一樣細小，可以伸進花蕊之中。除了和蜜蜂一樣吸食花蜜外，蜂鳥的體型也像蜜蜂一樣嬌小，最小的品種體重只有約 2 克，最大的蜂鳥身長也只有 7 厘米左右，體重不超

過 20 克，是世界上最嬌小的鳥。

　　由於蜂鳥體內沒有儲存熱量的空間，所以蜂鳥必須不斷尋找食物，為身體補充能量。牠們每天必須採食數百朵花的花蜜，才能取得足夠的熱量。當蜂鳥的能量不足時，牠們會進入像冬眠一樣的「蟄伏期」，減低心跳和呼吸的頻率，從而降低對食物的需求。

　　蜂鳥的新陳代謝率是所有動物中最快的，牠們的心臟每分鐘可以跳動超過 1,000 下，翅膀每秒可以揮動 50 至 80 下。高速拍動翅膀令蜂鳥可以停留在半空，飛行時速可達到 90 至 100 公里。因為拍翼的速度很快，所以牠們的翅膀會發出像蜜蜂飛行時一樣的嗡嗡聲，這也是牠們被稱為蜂鳥的原因之一。

　　不過，以上特點都不是蜂鳥最獨特的地方。原來蜂鳥不只飛得快，還是世界上唯一一種能夠往後飛的鳥。由於大部分鳥類的肩關節不靈活，翅膀前後移動的幅度較小，所以無法往後飛。只有蜂鳥的翅膀能夠大幅度地旋轉，所以牠們能夠往前後左右、自由自在地改變飛行的軌迹。

國王企鵝和帝皇企鵝
誰的體型比較大？

　　國王和皇帝到底有什麼分別？國王企鵝和皇帝企鵝又該怎樣區分？其實光從兩種企鵝的名字，你已經可以看出兩者的分別了。

　　國王企鵝和皇帝企鵝都屬企鵝科王企鵝屬，前者主要分佈在南美的福克蘭和南喬治亞群島，但在南非和紐西蘭南部也能看到牠們的身影；而後者則主要在南極洲大陸沿海地區生產和繁殖，一生都不會離開冰天雪地的南極洲。

　　在體型方面，國王企鵝的體型較小，成年的國王企鵝約 90 厘米高。體重約 15 公斤；而皇帝企鵝身高可達

120 厘米，體重更可以去到 46 公斤，足足是國王企鵝的 3 倍。

　　原來，在生物學家發現皇帝企鵝前，國王企鵝是世上已知體型最大的企鵝，因此被稱為「國王」。後來，專家在南極大陸發現了皇帝企鵝，驚歎這個品種居然比「國王」更大！因此專家便以「皇帝」之名稱呼「皇帝企鵝」，這兩個品種的名字便一直沿用至今。

　　除了體型大小的差別外，這兩種企鵝的成鳥外觀非常相似，都擁有黑色的頭部和鳥喙，灰色的翅膀和雪白的大肚子。可是皇帝企鵝的「臉頰」部分有明黃色的羽毛，毛色看起來比國王企鵝的成鳥更華麗鮮艷。雖然兩者的成鳥外觀相似，但幼鳥的模樣卻差天共地。

　　皇帝企鵝的幼鳥長相可愛，頭頂和鳥喙為黑色，兩頰是白色，身體則是淺灰色。不少小企鵝的插畫和動畫電影都以皇帝企鵝的幼鳥為藍本，深受廣大人民的歡迎。然而，國王企鵝的幼鳥全身棕褐色，看起來像隻「醜小鴨」，更有人形容牠們就像一顆長着翅膀的「奇異果」，與又圓又可愛的小皇帝企鵝相距甚遠。如果只看兩種企鵝的雛鳥，實在很難相信牠們長大後居然會長得那麼相像呢！

邊睡邊飛的海鳥？

　　地球有 70% 是海水，有一些鳥是海鳥，長期跨海飛行，從一個大洲到另一個大洲，途程長達幾十天，甚至以月計，中間無法找到一塊小小的陸地來休息，難道海鳥都不用睡覺的嗎？

　　一則發表於《自然通訊》期刊的研究，找出了答案。來自普朗克實驗室的尼爾斯以及其同事，記錄了海鳥飛行時，大腦的活動。他們找到一種海鳥叫軍艦鳥，牠們原居地在厄瓜多爾科隆群島，為了尋找食物，會不斷的飛越海洋。尼爾斯等人在軍艦鳥的頭上安裝了裝置，用以了解牠們會否進入幾種睡眠狀態，包括快速眼動期（REM），即

是我們熟睡的時候眼波會快速轉動的樣子，以及慢波睡眠期（SWS），就是會發夢的淺眠時候。此外，亦可以得知海鳥頭部的運動方向，用以判斷一旦有睡眠的時候，牠們會否失去方向感。

研究結果可謂十分有趣！原來軍艦鳥晚上時才會睡覺，睡覺時牠們會在高空飛行，然後開始 SWS 淺眠狀態，每隔數分鐘會醒一醒，而最特別的是，牠們只會讓半個腦袋淺眠，另外半個腦袋則仍然保持清醒，相信是用來在飛行的時候保持警覺。偶然，軍艦鳥在飛行時也會進入 REM 熟睡狀態，這時候牠頭部的肌肉會往下垂，但飛行的動作並未受影響，不過這狀態只會維持數秒，相信在飛行中熟睡是頗危險的舉動，也許軍艦鳥是驚醒過來的。

這樣的睡了又醒，醒了又睡，又半睡半醒，半醒半睡，睡眠質素哪會好？軍艦鳥在飛行期間，一天只能睡 42 分鐘，而且是把十分零碎的睡眠時間湊合起來才得出這數字。當牠們去到陸上地方時，可是要睡 12 小時的！這是因為牠們飛行時睡得太少而要在陸地上補眠，還是在陸地上睡夠了，飛行時不用睡太多？

答案留待科學家繼續探討。

烏鴉會記得你的臉？

　　在中國，看到烏鴉是不祥之兆；但在日本，見到烏鴉卻是吉兆。但對於烏鴉來說，見到人類的臉又是什麼兆頭？這要問過烏鴉才知道，因為烏鴉是認得每一張見過的臉，而且記憶期長達 5 年。

　　華盛頓大學野生動植物學家約翰・梅爾茨盧夫曾經做過一個實驗：他戴着一個面具，捕捉了一群烏鴉，並把牠們關起來，過了一段時間才放走。5 年之後，他重遊舊地，戴着同一個面具，他發現烏鴉對這個面具人有激動、逃跑等反應，明顯地牠們記得面具人。而且，不只是當年被捉的烏鴉，連旁觀的烏鴉都一樣對面具人有印象。

除了記憶力，烏鴉還表現出驚人的智力。日本的烏鴉，懂得把核桃放到馬路中心，讓車輾過，也就是讓人類替牠們開核桃。新喀里多尼亞的烏鴉也很厲害，牠們不但懂得用樹枝翻找泥土裏的昆蟲，更懂得弄彎樹枝做鉤子讓自己更易鉤到昆蟲。

英國廣播公司紀錄片《動物會思考嗎》（Inside the Animal Mind），為新喀里多尼亞烏鴉做了一個挑戰，他們要一隻綽號 007 的新喀里多尼亞烏鴉，一步一步推理出謎題的答案，只要解決謎題，才能有東西吃，這個謎題是人工構成的、共有 8 個步驟：首先要爬到樹枝的上方找到一條短棒，之後牠必須思考如何運用短棒才能得到食物，這時，牠見到下一關有幾個盒子，盒子內有幾塊石頭，牠用短棒撈出石頭，然後掉進下一關的瓶子裏，啊！難道是我們小學時的實驗？瓶子裏有水，只要放下足夠的石頭，水位上升，烏鴉就可以喝水了嗎？這有點不一樣，石頭丟進去之後，盒子下方會丟出一根長木棒，烏鴉含着長木棒，跑去撈食物了！

連 8 個需要思考的關卡，烏鴉都可以通過，豈不是很有智慧？所以，千萬不要戲弄烏鴉，牠們是會記得你的，還有可能會設計陷阱，給自己報仇！

會吃人的殺人鳥？

「食火雞來了！快走！快走！」「火雞來了就食嘛，為什麼要走？」「不是火雞來了，是食火雞來了。」「誰食火雞來了？爸爸？」「食火雞是一隻鳥，會吃人的！還不快跑！」

食火雞（Cassowary，又稱鶴鴕），是一種鳥類，原產於東南亞和澳洲的熱帶雨林，現在則只有在澳洲才能見到牠們的蹤影。牠外表像駝鳥，屬走禽類，以果實和昆蟲為糧食。身高 1.7 米，是世界上第二高的鳥類。牠們長着剛毛，體型龐大，不會飛翔，但其奔跑速度快，每小時達 50 公里，還懂得游泳。深湖藍色的臉、脖子上兩塊紅色的

大垂肉，以及頭上比臉更大的、像「頭盔」一樣的頂冠，有一種讓人畏懼的霸氣。聽說頂冠能在牠們向前走時撥開樹林的枝葉，十分有用。

而牠們也不是虛有其表的。食火雞的腿部肌肉相當粗壯發達，每條腿都有三根結實粗大的腳趾，雖然日常沒有打磨但其指甲卻鋒利無比，其中最內側的一根，長度可達 12 厘米，像匕首一樣的存在！不錯，牠們就是用鋒利的指甲攻擊敵人，牠們的飛踢像一個劍士，見血封喉，面對狗和馬時能一擊斃命！而其利爪也能輕易撕破人類的皮膚，把內臟勾出來，所以也有「殺人鳥」之稱。由於十分危險，二戰時期駐守新幾內亞的美軍和澳軍，都被警告要遠離食火雞的棲息地，因為牠們有「地盤意識」。2011 年澳洲昆士蘭北部海岸發生五級颶風，做成嚴重破壞，由於食物鏈斷裂，食火雞被迫出來覓食，當地政府也呼籲居民小心，並遠離食火雞。

不過，食火雞就像一個隱世的武林高手一樣，不會輕易出招。然而，隨着人類所謂的「開發」，雨林棲息地愈來愈少，若果食火雞沒有適合的生存地方，也會有絕種的可能。

紅鶴的膝蓋居然是腳踝？

　　紅鶴又稱為火烈鳥，這種主要出沒在非洲和中南美洲的鳥類以艷麗的毛色聞名。牠們粉紅色的羽毛十分夢幻，雙腿修長，站姿優雅，深受大眾的喜愛。但原來牠們雙腿的構造，可能與人們想像中的存有很大差異。

　　一般人可能會以為，紅鶴單腳站立時向後屈曲的關節是牠們的膝蓋，不過這是徹徹底底的誤解！實際上，紅鶴大腿和小腿的比例，與兩者長度相若的人類完全不同。牠們的大腿比小腿短非常多，膝蓋的位置很高。雖然牠們看起來站得又直又優雅，但其實牠們一直在蹲着，把膝蓋藏在短小身軀的羽毛底下，人們從外表看去，完全看不到牠

們的膝蓋。我們一般看到紅鶴向後屈的關節，其實是牠們的腳踝。從腳踝到腳趾尖是紅鶴腿部最長的部分，牠們會以長着長爪的腳趾抓着地面，以避免跌倒。

　　紅鶴不只雙腿修長，而且喜歡單腳站立，即使在睡覺時，牠們也會曲起一邊的腿，每隔一段時間便換腿繼續站着。為什麼紅鶴喜歡單腳站立呢？而且閉着眼睛單腳站睡覺，不是很容易跌倒嗎？過去曾有學者主張這是為了減輕疲勞，也有人認為這是為了避免接觸水面而失溫。而根據生物學家的研究，真正的答案是由於紅鶴的身體構造特殊，身體圓大而雙腿細長，這使牠們的腿一旦同時伸出，關節便會偏離身體重心，很難維持平衡。所以當紅鶴在單腳站立時，膝蓋會微微彎曲，把整根腿收到靠近軀幹的部分。這能夠穩定紅鶴的重心，幫助牠們保持平衡。相反，人類的重心位置在腰部，單腿站立時，會把腿伸向兩旁，偏離重心，所以人類如果想模仿紅鶴優雅的姿勢，反而會站得東歪西斜，甚至因而跌倒，變得一點也不優雅呢！

成功擺脫絕種命運的動物？

　　有什麼事開心得過，見到以為絕種的生物原來仍然在生？就是發現牠們在生之餘，還擺脫了滅絕的危機。

　　說的是紐西蘭獨有的橙額鸚鵡。橙額鸚鵡的英文學名是 Orange-Fronted Parakeet，但當地人喜歡稱牠做「kākāriki karaka」，意思是「嬌小的綠色鸚鵡」。顧名思義，牠是一隻額頭是橙色的、身體是綠色的鸚鵡。牠在森林中生活，可是由於人類（又是人類）大量砍伐樹木，破壞森林，加上其他物種的威脅，消失了好一段長時間，因而被認為已經滅絕。

1993 年，在紐西蘭南島的坎特柏雷（Canterbury），居然發現橙額鸚鵡重現人間！自此，科學家在郝登河（Hawdon River）、博爾特（Poulter）、胡魯努伊（Hurunui）內的森林，陸陸續續見到牠們的身影，估計不多於 300 隻，數量不能說多，仍然處於絕種的邊緣。

　　直到 2019 年 7 月，紐西蘭保育部發布了一項特別的消息：由於該年南山毛櫸科喬木大量的種子為橙額鸚鵡提供了豐富而充足的食物，所以誕生了 150 隻小橙額鸚鵡！由原本不多於 300 隻，現在一下子「雀口」多了超過 50%！此外，樹上巢穴數量比以往多了 3 倍，因此好事將會陸續有來，距離滅絕的危機一時之間拉遠了不知多少！

　　不過，要令橙額鸚鵡能夠永續生命，還是要靠人類的支持。紐西蘭保育部為了這份使命，在納爾遜地區興建了一個動物保護區 —— 布魯克保護區（Brook Waimārama Sanctuary），這個保護區是一片 700 公頃的山毛櫸森林，周圍環繞着圍欄，以防有害生物進入。2021 年 11 月，他們特地把雌雄各 10 隻的橙額鸚鵡在這個保護區放生，作為保育橙額鸚鵡的第一步。相關人士說，希望待橙額鸚鵡繁衍出一定數量之後，讓牠們重回野外的地方，真正自由的飛翔。

蝙蝠就是吸血鬼？

　　長得既像老鼠，但又生有骨翼的蝙蝠到底是什麼品種的動物？原來，蝙蝠是唯一一種能夠飛行的哺乳類動物。根據漁農自然護理署的記錄，全香港共有 55 種哺乳類動物，當中有 25 種是蝙蝠，佔全數哺乳類動物超過 40%。就讓我們了解一下這種看似可怕的小動物吧。

　　蝙蝠是翼手目動物，翼手就是指蝙蝠長有薄膜，用來飛行的器官。牠們的品種數目極度龐大。現在世界上發現的蝙蝠品種共有 19 科、185 屬、962 種，佔全部哺乳類動物中的 20%，品種數量僅次於老鼠等齧齒目動物。由於品種繁多，所以除了北極圈和南極等氣候極端的地方外，

世界各地都能找到蝙蝠的蹤影，其中又以熱帶和亞熱帶地區的品種較多。部分品種的蝙蝠生存至今已超過 8800 萬年，幾乎可說是恐龍時代的活化石。

雖然提到蝙蝠，不少人都會聯想到吸血鬼，但其實，接近 70% 的蝙蝠都以捕食昆蟲維生，還有少部分蝙蝠以水果和花蜜為糧食，跟蜜蜂和蝴蝶一樣是傳播花粉和種子的生物。較特別的是，有極少數蝙蝠會以魚類為主要糧食，比如墨西哥兔唇蝠會在水中拍打翼手，一邊游泳，一邊捕捉水裏的小魚。剩下一部分蝙蝠以嚙齒類小動物、小鳥、蛙類、蜥蜴為糧食，當中只有 3 個品種的蝙蝠被稱為「吸血蝠」，主要以吸食其他動物的血液維生，包括：白翼吸血蝠、毛腿吸血蝠和大紋面蝠。

吸血蝙蝠的唾液中含有一種酶素，可以阻止新鮮的血液凝結，幫助牠們吸食動物的血液。目前有些蝙蝠進化到會吸食人類的血液，散播狂犬病，不過，這些吸血蝠都集中在北美洲南部和南美洲，遠在香港的我們暫時還不用擔心。

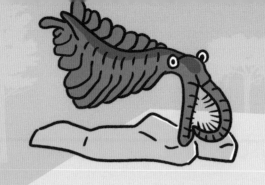

海洋中的秘密

海底世界之最？

　　海洋佔地球面積的 70%，你知道有多少個品種的海洋生物生活在其中嗎？答案是 22 萬 8450 種，但這只是人類已知道的，估計還有多達 200 萬種多細胞海洋生物仍然未被發現。

　　其中，最大最巨型的海洋生物，是藍鯨，身長 35 米，重 188 噸，如果不知道是什麼概念，其餘一系列有趣的數據可能會提供到具體想像，比如舌頭重 2 噸，心臟猶如一輛汽車的大小，肺活量達到 5,000 公升，由牠們噴出的一條水柱就有 12 米高。簡單而言，就是一艘巨型潛水艇。

至於最小的魚是蝦虎魚，牠有不同的品種，其中胖嬰魚是目前已知最小的魚類。最大長度為 1 厘米，雄魚標準長度只有 0.77 厘米，而最小的雄魚長度更只有 0.65 厘米，至於最小的雌魚則為 0.7 厘米。胖嬰魚外形非常細長，像一條小蟲子，無鰭、無齒、無鱗。全身透明，只有眼睛有顏色。

　　說到透明，胖嬰魚還不算是最透明的魚，最透明的是雙須缺鰭鯰，又稱「玻璃貓」，此綽號可知其晶瑩剔透的程度。牠透明之中帶一點點藍，完全透視了內臟，表達出魚的形態美。

　　此外，還有一些有趣的海底世界之最如下：游得最快的魚是旗魚，最高時速達 80 至 110 公里。至於最慢的就是海馬，每小時只能游 60 至 180 米，如果來一個魚類的龜兔賽跑，大致也無法出現什麼有教育性的故事。壽命最長的淡水魚是錦鯉，在人類飼養下可活到 60 年以上，海水魚則是深海魚燧鯛科的胸棘鯛，有超過 100 歲命，比你我還要長。至於壽命最短的魚是佛澤瑞尾鰕魚，平均只有 6 星期的壽命，牠們的生命短暫而燦爛，因為短短的時間已經歷了出生、成長、交配、產卵、死亡的狀態。

魚需要喝水嗎？

　　所有動物都需要水分來維生，但你有沒有想過，生活在水中的生物又需不需要喝水呢？其實魚類同樣需要吸收水分，不過，牠們補充水分的方式跟人類相當不一樣。

　　魚類一般分為淡水魚和鹹水魚，兩種魚生存的環境不同，吸收水分的方式也有所不同。淡水魚生長的水域中鹽分不高，而且淡水的含鹽量低於淡水魚血液中的含鹽量，假如牠們主動喝水來吸收水分，反而會令體內的鹽分被稀釋，影響牠們血液循環和身體的滲透作用。因此，淡水魚並不會主動喝水，但牠們會以魚鰓過濾水中的鹽分，補充血液中的含鹽量，多餘的水分則會通過尿液排出體外。

一般來說，20 公斤的淡水魚每天要排出 3 公升尿液，才能避免體內水分過多。部分淡水魚更能夠通過皮膚和腺體來調節體內電解質和水分平衡的身體構造，減少魚鰓的負擔。

至於鹹水魚主要生活在海洋之中，而海水的含鹽量較高，比鹹水魚體內的血液含鹽度更高。長期處於高鹽分的環境中，會令魚類脫水，情況就好像用鹽醃製鹹魚，令魚的身體變乾一樣。為了避免自己變成「鹹魚」，鹹水魚必須不斷補充水分，而魚鰓就是牠們的天然過濾器。

鹹水魚除了在食物中補充水分外，還會主動喝下大量海水，這時，魚鰓會發揮作用，為牠們排除海水中的鹽分，然後直接通過鰓部排出。這個過程能幫助鹹水魚維持體內的低鹽濃度，避免牠們脫水。同時，因為充足的水分對牠們非常重要，所以鹹水魚與不斷排尿的淡水魚恰恰相反，極少主動排尿。

總括而言，淡水魚需要鹽分而不需要水分，所以不會喝水；鹹水魚需要水分而不需要鹽分，因此會喝水。

魚需要睡覺嗎？

　　一天二十四小時，只要你家有魚缸，你跑到魚缸跟前，都會見到魚把眼睛睜得大大的。難道魚不用睡覺的嗎？

　　魚是脊椎類動物，所以魚是需要睡覺的，目的是消除中樞神經系統等身體的疲勞。魚不是張開眼睡覺，而是不能閉上眼，因為牠們是沒有眼簾的。

　　人類的眼簾有什麼用？那就跟問為什麼要眨眼一樣，一方面保持眼球的濕潤，另一方面就是當風沙吹入眼時，通過眨眼的動作避免異物進入眼睛。而最後，就是在睡覺

的時候，避免受到光線刺激。除了人類，陸上生物的眼簾，作用都是大同小異。

　　魚類就不一樣了。牠們生活在水中，雙眼永遠濕潤，不用靠眨眼去「保濕」；而水就是水，沒有風也沒有沙，異物根本難以進入眼球，所以也不用找任何方法阻擋；睡覺方面，在水中的魚大部分時間都處於暴露位置，即前後左右上下無遮無擋，如果睡覺時閉眼，小魚便容易被大魚吃掉，大魚容易被更大的魚吃，所以睜眼就是用來保持警覺，如果遇上危險，能夠第一時間作出反應，逃離魔爪。

　　所以，眼簾對大部分魚來說都是多餘的，並無實際作用，因此在進化的過程中，眼簾就被淘汰了。那麼，魚是怎樣睡覺的？原來，牠們是把腦袋一分為二，半個腦在睡，半個腦醒着，每隔十幾分鐘交替一次。我們知道很多動物都是這樣的，但魚的特點是牠們還會張開眼睡。當我們見到牠靜止不動，只有魚鰭和魚鰓在律動時，其實就是牠們正在睡覺的狀態。

　　跟人類一樣，魚兒都在天黑（如果在魚缸，就是關燈後）入睡，各種魚的睡眠時間長度都不一樣，而且有的會在水底睡，有的在中層，也有些魚是橫臥的，十分有趣。下次見到魚兒一動不動時，不要騷擾牠，讓牠做個好夢，好嗎？畢竟你也不是牠的敵人。

魚的記憶真的只有 7 秒？

　　網上有一個流傳甚廣的說法：金魚的記憶力只有 7 秒，所以牠們即使游在同一個小小的魚缸中，都不會覺得悶，因為 7 秒之後，世界都是全新的，同一個缸，兩條魚，如果能夠說話，每 7 秒就會有一句你好嗎。

　　果真如此，還是都市傳說？

　　金魚的記憶力，早在 1965 年就有人着手研究。美國密芝根大學的研究人員，把金魚放在一個長方形的魚缸裏，並在魚缸的一端射出一道亮光，亮光出現後 20 秒，就在亮光的一端釋放電擊。如果金魚只有 7 秒記憶，牠大

概避不開每一次的電擊了，但事實是，金魚對電擊形成了記憶；當牠們看到亮光，20 秒之內，在電擊釋放之前，就懂得游到魚缸的另一邊。接下來還有幾個類似的實驗，最後讓科學家作出結論：只要進行合理的訓練，金魚可以在長達 1 個月的時間裏明白，當亮光照耀，就是電擊釋放之時。

美國亦有電視節目設計了一個迷宮，讓金魚在起點處，食物放在終點處。經過訓練之後，金魚可以記住正確路線，並快速地從起點到終點找到食物。可見，金魚的記憶，不只 7 秒。

接下來，科學家對魚類加以研究，發現不同的魚，有不同的智商，其中天堂魚的記憶力非常強。把天堂魚放進一個養着金魚的魚缸，最初牠會對金魚感到好奇，在其身邊游來游去，但很快就失去興趣。接着科學家把天堂魚從魚缸拿掉，隔天再放進去，當天堂魚重遇金魚，牠腦海中仍然有記憶，表現得興趣缺缺。在實驗之下，發現天堂魚的記憶竟長達 3 個月之久。

其實，不需要科學家，養魚的人都會有相同的經驗：只要我們靠近，魚兒們就知道是餵糧的時候，紛紛冒出水面。無論多少個 7 秒，魚兒都沒有忘掉，我們是食物的來源。

小丑魚會排隊變性？

　　棲息在太平洋與印度洋的小丑魚顏色鮮艷，有着橙白相間的身體和黑色點綴，看起來奪目又可愛，因此曾成為電影明星。不過你知道，小丑魚的性別原來不是固定的嗎？

　　在小丑魚出生時，幼魚並沒有性別之分，但體內同時具備兩組生殖系統。當魚群生長到一定大小，漸漸成熟時，當中的小丑魚便會互相追趕和啃咬。通過互相攻擊和爭鬥，魚群中會分為較弱小和較強大的兩組魚，接着因應強弱而改變性別。不過，別以為強壯的小丑魚一定會變成雄性，其實小丑魚是母系社會，由雌性保護族群。這個習

性令雌性小丑魚必須更加強大，所以戰力較高的小丑魚會變成雌性，較弱的則會變成雄性。

一旦小丑魚變成雌性，牠們便會一生保持這個性別，不會再次轉化，但對於雄性小丑魚來說，性別卻不是永恒不變的。由於小丑魚在海洋中是弱小的物種，經常受到其他魚類和生物攻擊，所以雌性的魚常常會戰死，這時候，魚群便會失去雌魚的保護。為了填補這個空缺，當雌性小丑魚死後，較強壯的雄魚會在兩個星期內變性，成為可以繁殖後代、保護族群的雌魚。這種特殊的變性特質，在生物上稱為「順序性雌雄同體」。

「順序性雌雄同體」的特性對小丑魚延續物種和繁殖很有幫助。因為小丑魚生活在海葵當中，魚群與魚群之間很少接觸，加上雌性容易受傷和死亡，假如沒有變性機制，小丑魚便很容易因為雌性數量不足，無法繁殖而滅絕。另一方面，變性的機制亦令小丑魚族群形成了明確的階級，方便魚群隨時按順序變性，遞補雌魚的數量。小丑魚特別的社會制度真的非常有趣，充滿大自然的奧妙。

為什麼水滴魚拍照時 都擺着哭臉？

　　假如你在網上搜索「世界上最醜的魚」，很可能會搜出水滴魚這個結果。不少打撈上岸後拍到的照片，水滴魚都呈粉紅色，皮膚又軟又黏，五官像是融化了一樣，鼻子和嘴巴都往下拉，看起來一臉不高興，好像哭喪着臉一樣，很難不讓人覺得「世上最醜的魚」稱號實至名歸。但其實水滴魚在深海中生活時可不是這個樣子的呢！

　　水滴魚的學名是軟隱棘杜父魚，因為被打撈上岸後不高興的臉，又被稱為「憂傷魚」。這種魚棲息在澳洲、紐西蘭和塔斯曼尼亞的深海，一般在水深 600 至 1,200 米附近活動。在深海之中，魚類需要比淺海魚類有更強的

浮力才能浮在水中，不能只靠魚鰾中的空氣來幫助上升，因此，水滴魚的身體主要由比水更低密度的凝膠狀物質組成。身體密度比水更低，自然能讓水滴魚保持上浮動力。為了給凝膠騰出空位，水滴魚身體裏的肌肉很少，但在海中生活時，牠們的皮膚能保持在正確的位置，不會聳拉下來。

那麼，為什麼離開水的水滴魚會像融化了一樣呢？原因是氣壓的影響。

深海的氣壓比陸地上高，一般每 10 米水深便等於一個大氣壓，而水滴魚所在的 600 米深海，氣壓足足是陸上的 60 倍。沒有骨頭支撐的水滴魚在水底時能依靠水壓，保持穩定、正常的樣貌，但當牠們被打撈上水，氣壓快速下降後，缺乏支撐的凝膠便馬上像水球一樣往四方流動，變得像癱軟的水球一樣，呈現出憂傷的表情。

其實，水滴魚是由於人類過度捕魚才被打撈起來，這本來就是一場意外。結果人類不但把牠變成這副軟爛的樣子，還要說牠是世界上最醜的魚，水滴魚一定非常委屈，牠們本來並不醜啊！

海豚音有什麼功能？

提及海豚音，你一定會想起技術高超的歌手發出尖銳的高音，但對於海豚發出的聲音，你又有什麼認識？事實上，真正由海豚發出的聲波，比歌手的海豚音具備更多功能呢！

海豚是一種哺乳類動物，也是目前已知除了人類以外最聰明的動物。牠們擁有發達的聲納系統，能在水中發出不同頻率的音波，從而達到不同的效果。人類耳朵可以聽到的音頻範圍是 20 至 2 萬赫茲，由於人耳無法聽見超過 2 萬赫茲的聲音，因此會稱為「超聲波」。海豚的頭上有一個呼吸氣孔，空氣會在氣孔中來回，加上震動的蓋口和

共鳴的腔室，可以幫助海豚在前額的氣孔間發出超聲波。

不同的超聲波有不同的功能，海豚能發出喀答聲、哨聲和脈衝聲。當中，喀答聲可達至回聲定位的功能。海豚會集中用一個部位發聲，一兩個部位接收回聲，而回聲的強弱可幫助海豚判斷障礙物的遠近和大小。所以即使把海豚的雙眼蒙上，牠們仍然能在黑暗中捕捉獵物。

哨聲是海豚與同類溝通的聲音。牠們是一種群居動物，與同伴的關係非常緊密。不同的海豚會發出不同的哨聲，形成自己的標記，這就好像人類擁有人名一樣，能幫助海豚分辨出朋友。即使相隔多年，海豚仍然能通過哨聲認出同伴呢。

除了定位和溝通外，海豚還會對着魚群發出超高頻的聲波。這樣做能引起魚鰾內的空氣共振，甚至有機會令魚群昏迷，使海豚捕食時更加方便。

雖然至今仍然沒有科學研究能指出海豚發出的脈衝聲有什麼功能，不過，單憑海豚運用聲波與同伴溝通的能力，已經能充分顯示出牠們真的是一種非常聰明的動物。

奇蝦可以稱霸地球？

　　我們都知道，在人類統治地球之前，是恐龍的世界。那麼，在恐龍出現之前，又是哪一個物種稱霸地球？答案是蝦。

　　這種蝦叫奇蝦（Anomalocaris Canadensis）。別看牠的名字趣怪，牠可是當時地球的一等恐怖分子！就在 5 億多年前，我們稱之為「寒武紀」的時期，當時地球的陸地仍然沒有動物，海洋生物充斥世界，當中誰大誰惡誰正確，當時大部分海洋生物都只有 10 幾厘米，所以身長 1 米（也有說是 2 米）的奇蝦，當然就成為霸主了。

奇蝦的外觀十分「特別」（不要亂說人家醜），跟其他蝦一樣都是長條形，兩側各有一排大約 11 對（尾部多到數不清楚）柔軟的「附肢」，像龍舟杖一樣形成「扇片」狀，在水中游動。而最「特別」的要算是頭部，首先牠有一對凸起的複眼，但這對眼很厲害，估計有 1 萬 6000 個水晶體；其次是牠的嘴巴，呈圓矩形，有 32 個像吸盤一樣的牙板，重重疊疊的，當中包括 4 個大牙板與 32 個小牙板，中間長有一圈堅硬尖銳的牙齒，牙板前面有兩隻鉗子型的「附肢」，張開可達 7 英呎，附肢之上有很多根倒鉤一樣的尖刺，當然就是用來捕食的。

　　或許你會問，我們又不是生活在寒武紀，怎能知道奇蝦的鉗子會攻擊其他生物？這就有賴古生物學家，在一些三葉蟲的化石上，找到圓矩形的咬痕，後來經過比對確認，證實是來自奇蝦。不過亦有科學家懷疑，奇蝦的附肢是否這麼有力，因為其構造其實很軟，而且奇蝦的口部沒辦法完全閉起來，被認為無法咬碎三葉蟲的殼。但真相如何，就只有奇蝦才知道。

　　後來，奇蝦神秘地被滅絕了，只留下化石。關於奇蝦，我們所知的不多，既不知道牠的祖先源流，亦不知道牠如何消失。到後來，1 至 2 米的物種也不算是巨型了，是否給比牠更大的物種吃掉，還是有什麼特別的事發生，也有待科學家繼續研究了。

雄性動物
也可以懷孕產子？

　　無論是天上、海裏還是陸地上的動物，多數都是由雌性負責孕育生命，不過凡事都有例外的。在海洋之中，有一種動物竟是由雄性負責懷孕產子的！

　　這種奇異的生物就是海馬。海馬「馬如其名」，生活在海洋之中，有一個長長的吻部，頭部的形狀與陸地上的馬非常相似。牠們的分佈廣泛，在大西洋沿岸的海域就最為常見。

　　為了孕育孩子，海馬具有特別的身體構造。雌海馬的身體帶有一條產卵管，而雄海馬的腹部則有一個用作孵卵

和育兒的囊袋。每年的生育季節開始後，海馬都會在海中與配偶翩翩起舞。牠們會以彎曲的捲纏尾勾着配偶，開始交配。在這個過程中，雌海馬會伸出產卵管，放入雄海馬肚子上的育兒袋中，然後在當中排出卵子，每次可以產出上千顆卵子。

雌性產卵後，雄性海馬會在育兒袋中為卵子授精，授精後的卵會和海馬爸爸的育兒袋結合在一起，像胎盤一樣吸附着爸爸，從爸爸身上吸收營養和氧氣。

這個「懷孕」的過程會長達 2 至 3 周，期間海馬爸爸除了會為寶寶提供養分外，還會從平日棲息的深海地區移動到離水面約 10 至 30 米的淺水海域，尋找適合生產寶寶的環境。當海馬寶寶在爸爸的肚子內發展成熟後，海馬爸爸便會把胎兒從生育袋之中噴出，完成生產的過程。

在整個生產的過程當中，海馬媽媽除了排出卵子外便不再參與任何工作。會出現這種特殊的繁殖方式，其實是因為海馬非常弱小，但海裏的天敵卻很多，為了保護胎兒，牠們必須把海馬寶寶藏在體內。然而製造卵子需要耗費大量的能量，雌海馬產卵後已筋疲力盡，因此只好與雄海馬分工合作，讓海馬爸爸負責懷孕了。

為什麼海獺喜歡手牽手？

　　海獺是食肉目動物中最適應海中生活的動物，牠們一生大部分時間都會留在海洋中，連繁殖和照顧幼兒都是在海面上完成的。為什麼牠們會這麼習慣在水中生活呢？就讓我們一起了解一下這種可愛的動物吧。

　　從北美洲到亞洲沿途的海岸都能找到海獺的蹤迹，牠們多在海岸線附近生活，但經常會潛往更深的海域覓食。雖然海獺屬於鼬科動物，但與鼬鼠等嬌小而纖細的物種不同，牠們的頭部短而闊，吻部較短，臉頰肌肉發達，看起來臉鼓鼓的非常可愛。濃厚的毛皮是海獺的特徵，同時也是牠們能在海中活動自如的秘訣之一。

除了鼻尖和腳掌外，海獺全身都長滿又濃又密的毛，每平方吋的皮膚可長出 35 至 100 萬根毛。超厚重的毛髮能夠緊緊包裹着海獺的身體，令牠們的皮膚完全不會暴露在冰冷的海水中，能夠保持溫暖。由於毛皮是牠們賴以維生的寶物，因此海獺留在海面時會不斷整理毛皮，保持毛髮清潔和防水。

另一方面，海獺常常做出以雙手掩面、捂嘴巴的可愛小動作，這其實是與牠們的毛髮大有關係。由於海獺的鼻尖和腳掌沒有毛髮覆蓋，導致牠們的小爪子有時會感到寒冷。這時候，牠們便會把手貼在有毛的地方調節體溫，做出以雙手捂臉的動作。

除此以外，海獺還以經常與同伴牽手的有趣習慣而聞名，這其實也與牠們的生活習慣有關。海獺長期在水面上漂流，很容易與同伴和寶寶失散。為了避免這種情況發生，牠們在睡覺時會緊緊牽着同伴和孩子的手。這就好像我們的媽媽緊緊牽着我們上街，使我們不會因到處亂跑而與媽媽失散一樣。沒想到海獺媽媽就像人類媽媽一樣愛操心呢！

傳説中世上
最孤獨的鯨魚？

這是一個人們以為淒美的故事。

話說美國海軍建立了一套水下聲音監測系統，原本是用來偵測敵軍的潛艦，但 1989 年的一天，它收到一些奇怪的信號，經過追查之後，發覺是一條藍鯨的歌聲，牠在 1992 年開始被追蹤，並得出一個驚人的發現。

鯨魚是會唱歌的！有雄性的鯨魚，會在交配的季節唱歌，目的是求偶。有海洋學者十分認真研究鯨魚的歌聲，甚至能分辨出，牠們以 4 至 6 個發音組成一個「單詞」，2 個單詞為一個「短語」，1 至 2 分鐘內重覆一個短語，

是為「主題」，將幾個主題再組合在一起，就是一首「歌」了。一首歌大約會唱 20 分鐘，之後鯨魚會在接下來的好幾天「單曲循環」。有海洋學者追蹤鯨魚之歌 19 年，發現牠們從來沒有重覆過自己的「歌」，每一首歌都是獨一無二的。

而鯨魚的歌聲，是有特定頻率的。像人一樣，超出了某個頻率，就聽不到了。剛才說到的藍鯨，其歌聲的頻率在 10 至 40 赫茲之間，而被監測系統發現到的藍鯨歌聲，屬 52 赫茲，然而這個頻率，是其他藍鯨聽不到的！

那就表示，這條發出 52 赫茲頻率的藍鯨，根本無法跟其他藍鯨溝通，無論牠的歌聲多美妙，都沒有同伴能夠欣賞，在茫茫大海，這條 52 赫茲藍鯨，一直被人類視為「世界上最孤獨的鯨魚」，甚至為牠衍生出不少藝術創作。

不過，近來有科學家發現，這隻藍鯨並不孤獨。2010 年，有海洋學家證實，在美國兩個相隔甚遠的感測器，找到了不只一條唱着 52 赫茲歌的鯨魚。海洋學家估計，鯨魚有不同的族群，唱着不同赫茲的歌，而當日的那一條，是剛好走散了的一條可憐而孤獨的鯨魚。

真相打破了人們的浪漫想像，但還給 52 赫茲鯨魚一個美好的結局，不是更讓人開懷嗎？

鯨魚的屍體
能維持海洋生態平衡？

　　塵歸塵，土歸土是陸上生物生命最後的結局，原來海洋生物在死後，同樣會滋養深海中的其他生物。巨大的鯨魚被稱為海中霸主，牠死後的身體會沉入深海，成為各種生物的食糧，這個過程稱為 ——「鯨落」。

　　第一批受惠於鯨落的生物，是天上的飛鳥和淺海中的食肉魚群。由於鯨魚剛死時，牠體內的肺部還積存空氣，所以牠們的身體會漂浮在海面一段時間，讓老鷹、鯊魚等獵食者飽吃一頓。過了一段時間後，牠們的肺部會被獵食者的尖牙或利爪刺穿，令身體失去浮力，開始下沉的過程。

鯨落的第二站由淺海一直延至深海數百米，在這一站，海洋中的「移動清道夫」會吃掉鯨魚大部分的脂肪、肌肉和肉臟。能夠大快朵頤的生物包括盲鰻、章魚等軟體動物，還有一些甲殼類生物等。這個階段會根據鯨魚的大小，可以耗時 4 至 24 個月之久。過程結束後，鯨魚 90% 的身體都會消失，只剩下巨大的骨架。

　　接下來，來到鯨落的第三站。一些能夠在短時間內適應新的生活環境，並大量繁殖的機會主義者會棲息在鯨魚的骨骼當中，吸收骨骼中的養分作為糧食。甲殼類、軟體類和無脊椎生物都會在這時候接近鯨魚，棲息幾個月至數年不等。

　　到了最後一站，鯨魚的骨頭中已長滿大量細菌，漸漸把魚骨中的脂類轉化成糧食。這些細菌會在海水中生成氧化劑，為海水提供氧氣，維持整個海洋生態的平衡。在這個階段，每一條鯨魚都可以為海牀提供幾十年以至上百年的養分。殘留的鯨骨則會變成珊瑚等深海微生物棲息的場所。

　　鯨落的過程充分展現了自然生態自給自足的奧秘，是深海中值得歌頌的故事。

燈塔水母可以返老還童？

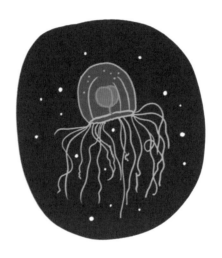

　　返老還童聽起來是不切實際的願望，但世界上居然真的有一種生物能做到返老還童，幾乎可說是永生不死。這種生物就是燈塔水母。

　　燈塔水母屬於水螅綱，花水母目，主要出沒在加勒比海之中。牠們的歷史可以追溯到距今 6500 萬年前的白堊紀，近千百年來幾乎沒有進化。鐘型的頂部和細長的觸手組成了燈塔水母的身體，全身體長直徑約 4 至 5 毫米，非常嬌小。由於牠們的身體與大部分常見的水母一樣呈透明狀，所以我們可以透視牠的身體，直接看到巨大的紅色胃部。

一般而言，水母所屬的水螅綱有兩個不同的生長階段，分別是水螅階段和水母階段。水螅群發育長大後，變成水母，當水母壽命耗盡便會自然死亡。然而，燈塔水母與其他水母不同。當牠們成熟後，遇上特定情況，例如飢餓、受傷，或是其他危機時，燈塔水母的細胞便會開始分裂和轉化，在過程中，牠們的細胞會逆向生長，變得年輕，然後逐漸轉變成一個水滴狀的細胞囊。這個細胞囊會不斷累積年輕的水母細胞，最後令成熟的燈塔水母外型和器官完全改變，返回水螅群的狀態。至於水螅群又會再次生長成幾百個有着相同 DNA 的水母，一直繁衍下去。由於細胞是由同一個個體分裂而成，因此完成返老還童的過程後再生的水螅和水母，DNA 都與之前的水母完全一致。

　　理論上，燈塔水母返老還童的過程可以重複無限次，因此牠們可以不斷逆轉年齡，達到永生的狀態。不過，這種水母屬於海洋食物鏈中的底層，受到大量捕獵者的威脅。縱使牠們擁有永生的本領，仍然很容易受到其他動物的攻擊而死亡。看來燈塔水母想要真的「永生」，還需要好好提升躲避天敵的能力呢！

任何部位都能再生的
六角恐龍？

六角恐龍，不要誤會，牠其實不是恐龍，牠在水中生活，但又不是魚。那麼，牠是什麼？

牠是蠑螈類的生物。蠑螈是兩棲類動物，有 4 條腿，每條腿有 4 隻腳趾，也有尾巴，爬在水底，或許因為形態像恐龍而得名，但也有人覺得牠像蜥蜴。特別的是那一張非常可愛的臉，橢圓形的輪廓，腦袋兩側長出各 3 根紅色的觸角，就是這 6 根東西，被人叫做「六角」，這其實是牠用來呼吸的地方，一雙眼睛下面配上似笑非笑的嘴巴，當牠望着你的時候，彷彿會跟你說笑話。

雖然是兩棲類，但牠們一輩子都在水中生活，而且有所謂的「幼態延續」，即是只會維持像蝌蚪一樣的形態，不會變成青蛙，也不會變成用腮子呼吸，而且只會保持着出生時的可愛樣貌。不過，牠們也不是善男信女，遇到蝦兵蟹將等生物，牠都會一爪抓下去，甚至連同類也不放過，可是偏偏牠們的身體又容易被抓斷，斷手斷腳也是等閒事，那豈不是很容易變殘廢？不，牠們有再生能力！

　　牠們的再生能力冠絕全球，不像壁蛇只會再生尾巴，也不像螃蟹只會再生蟹鉗，對於六角恐龍，無論胳膊、4條腿、尾巴、脊椎甚至大腦，斷了幾個月之後，都能長回來。這樣有趣的生物，當然吸引到科學家，他們對六角恐龍做過多樣的實驗，包括替他們「器官移殖」，換心換眼，都沒有問題，也沒有排斥情況，甚至讓兩隻六角恐龍交換頭部，也可以！照樣存活！令科學家趣之若鶩，如果能解開六角恐龍再生之謎，讓人類也可以換手換腳換頭換心——這很難說是否好事，其實動物身上有獨特的徵狀，就是基於牠們本身有需要。事實上，六角恐龍的四肢，有時是作為同伴的糧食！食完，又可以再生。很明顯，再生，是六角恐龍不被滅絕的方法，而這可不是人類需要做到的。

蠔是雌雄同體的生物？

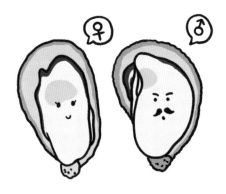

　　生蠔味道鮮甜，口感細滑，是不少人最愛的美食。不過蠔其實有一些有趣的生活特性，這些小知識更可能會讓你大吃一驚！

　　蠔是一種軟體動物，多數生長於海水和淡水的交界處，以進食浮游生物維生。雖然在外表上難以區分，但原來蠔也有分不同性別。可是蠔的生殖器官非常細小，所以人類無法以肉眼分辨蠔的性別，必須以顯微鏡放大，才能分出雄性和雌性的蠔。

　　一般而言，年輕的蠔有 60% 是雄性，但隨着水溫和

季節的改變，蠔的一生會多次轉變性別。有學者指出，成長環境的營養狀況是蠔變性的主因。當環境提供較多蛋白質，令蠔體內的蛋白質旺盛時，牠們會偏向雄性；而身處的環境中碳水化合物和糖分較高時，蠔便容易變成雌性。但是也有一派理論主張蠔出生時兼具兩種性別，但在一般情況下，雄性的生殖器官成長速度較快，導致年輕的蠔在第一次成熟時多數是雄性。

不過，無論第一次進入繁殖季節的蠔是雄性還是雌性都沒有關係，因為每隔一年，蠔都會「變性」一次，一生周而復始，不斷改變。我們平日在市面上買到的蠔一般被養殖了 3 年，已轉了 3 次性，而野生的蠔壽命可長達 20 歲，意思是蠔的一生最多可以變性約 20 次！這種特殊的生長習性，可說是令人匪夷所思。

除了每年變性之外，蠔還有一個有趣的特點。由於蠔以藻類、浮游生物等為主要食糧，所以牠們體內都有兩組肌肉，用來吸食海水，過濾當中的浮游生物，為自己提供能量。一隻生蠔每天能過濾接近 190 公升的海水，可說是大自然是天然濾水器呢！

會被自己體內毒素
毒死的河豚？

河豚又稱為氣鼓魚、雞泡魚等，這種魚類體型短而圓，廣泛分佈在世界各地。為了防衛捕食者的攻擊，牠們進化出一種非常奇特的自衛機制。當受到威脅時，河豚會大大吸一口氣，將水和空氣一起吸入胃中。這個胃部充滿彈性，可以在短時間內突然膨脹到數倍大小，使河豚在幾秒間突然脹大，幫助牠們嚇退捕食者。除了這個奇特的特性外，河豚還有一種特別的自衛方式，那就是世界知名的「河豚毒素」。

河豚毒素是四齒豚科河豚獨有的劇毒，只需極少量的河豚毒素便能把人置諸死地。在老鼠實驗之中，每公斤體

重只需要 0.008 毫克的河豚毒素便足以殺死一半的老鼠。如果我們不幸吃到河豚毒素，會出現噁心、嘔吐、四肢發冷、心臟和呼吸停頓等劇烈反應，最終更可能因此而死亡。河豚的劇毒分佈在牠們的肝臟、血液、皮膚和生殖腺之中，不同品種的毒性分佈位置都有些微差異。季節亦是影響河豚毒素的原因之一，當河豚進入繁殖期時，為了保護後代，牠們體內的毒素會變得比平日更劇烈。等到繁殖季節過後，毒素才會漸漸回落。

另一方面，河豚毒素最驚人的地方在於，就連河豚本「魚」也難以抵抗自己體內的毒素。雖然河豚對抗毒素的能力是一般魚的 1,000 倍，但假如牠們受驚過度，分泌過多河豚素，便有機會把自己毒死！

雖然河豚毒素令人聞風喪膽，但仍然有不少人願意以身犯險，嘗試河豚肉的味道。原因是河豚肉十分鮮美，是難得的佳餚，日本和中國歷史上都有讚美河豚肉味道的記載。假如河豚能夠與人溝通，牠們一定非常無奈：我都已經這麼毒了，你們怎麼還想吃我！

昆蟲的
生存法則

昆蟲之最？

　　昆蟲是大自然的微型代表，牠的最大、最重，在我們眼中都是很小、很輕。不過在昆蟲世界，最大和最小，仍然存在着實質意義的差距。

　　最大的昆蟲是泰坦甲蟲，長度超過 17 厘米，重 71 至 99 克；最重的昆蟲也是甲蟲，是原本被認為最大的甲蟲歌利亞甲蟲，牠的體長有 11 厘米，體重有 100 克。不過論體長，就不是甲蟲的天下了，55.6 厘米的西馬來西亞雌性巨竹節蟲才是冠軍，不過竹節蟲纖細得不堪一擊，可不是甲蟲的敵手。

而世界上最小的成年昆蟲（要說「成年」是因為剛誕生下來的幼蟲都很小的），是哥斯達黎加的一種微型寄生蜂——雄性精靈仙子，長約 0.14 毫米，牠們沒有視力，也沒有翅膀。要標明雄性，是因為雌性比雄性大 40%。而最輕的昆蟲則是一種雄性的吸血虱和一種寄生蜂，個體都只有 0.005 毫克重。

　　昆蟲個子小小，但有一種叫非洲蟬的，卻嗓門大大，在約 50 厘米外發出音量強度高達 110 分貝！根據香港可接受噪音標準的準則，最高都只是 100 分貝。當然，非洲蟬的聲音是噪音還是歌聲，是有斟酌的餘地。除了嗓門，翅膀的扇動也是昆蟲的特徵，翅膀扇動最快的昆蟲是搖蚊，每分鐘翅膀扇動次數高達 6 萬 2800 次，肌肉收縮周期可快到 1/2,218 秒，這不是我們可以捕捉的速度。

　　飛行速度方面，飛得最快的昆蟲，有說是沙漠蝗蟲，每小時速度可達 33.8 公里；也有說鹿馬蠅更快，其飛行速度可達每小時 39 公里；不過更快的是蜻蜓，每小時 40.23 公里，衝刺飛行速度可高達每秒 40 米，你知道嗎，比世界紀錄保持者保特快 4 倍——事實上很多昆蟲都比保特快。

　　如果按昆蟲的個別體長計算，爬行速度最快的昆蟲是虎甲蟲，每秒能移動體長的 171 倍。但以人類經驗作量度標準的話，爬行最快的昆蟲，一定蟑螂⋯⋯

蝴蝶的鼻子長在腳板底？

　　蝴蝶是香港常見的昆蟲，在本地棲息的蝴蝶品種超過 200 種。這種昆蟲的體型細小，卻有着十分奇特的構造。

　　觸角是蝴蝶的嗅覺器官之一，呈火柴狀，前端較粗大，其餘部分較細。有了觸角，蝴蝶可以辨認一公里以外花朵的香味，令牠們可以跨越長距離找到糧食，同時亦能幫助牠們保持平衡。

　　但最令人意想不到的是，除了觸角，蝴蝶還會用腳來感受味道。原來蝴蝶的 6 隻足腳上都有纖細絨毛，令牠們可以站立和靠在不同植物上。牠們還可以用腳來分辨

植物適不適合作為產卵的地方，令下一代有較安全的成長環境。不過，蝴蝶並不是所有足腳都具有感受的功能。部分蛺蝶科、班蝶科的蝴蝶由於退化，最前的一對腳已失去觸覺，只能縮在胸前，所以看起來就像只剩下 4 隻腳一樣。

另一方面，圖案多樣、色彩豐富的翅膀也是蝴蝶的標誌。這對翅膀同樣能幫助蝴蝶平衡身體，使牠們能在天空中自由的飛翔。但原來，蝴蝶的翅膀本身是透明的，並沒有任何圖案！我們之所以會看到蝴蝶翅膀上有不同花紋，其實是因為成蟲的蝴蝶能自行代謝出各種顏色的鱗粉，覆蓋在翅膀上，排列成不同的花樣。部分蝴蝶的翅膀更會分泌出接近熒光的色彩，形成像金屬光澤一樣的效果。比如蛺蝶科的大藍閃蝶，便以擁有金屬藍色的璀璨翅膀聞名。

蝴蝶的翅膀不但漂亮，而且還很有用。很多雄蝶的翅膀上都會長着釋放求偶信息素的鱗片，這種構造稱為「香鱗袋」。例如青斑蝶和虎斑蝶便會通過香鱗袋散發香氣，吸引雌蝶與雄蝶交配。正因為這種隱藏在翅膀中的智慧，蝴蝶才能生生不息地繁衍下去。

為何蝴蝶會喜歡
烏龜的眼淚？

如果長得像烏龜一樣的外表，能夠找到蝴蝶一樣貌美的朋友，你說多好！這並不是童話故事，而是發生在大自然的真實情況！

說的是在秘魯坦博帕塔（Tambopata）這個地方，有美國的生物學家和攝影師在偶然間看到的奇景，只見鮮艷的蝴蝶聯群結隊的停靠在烏龜的頭上，再仔細看，烏龜興奮得流淚了！這當然是加添了人類想像的擬人想法，但蝴蝶靠近烏龜的頭卻是真的，烏龜流淚也是真的，這究竟發生了什麼事？

我們都知道，蝴蝶喜歡採蜜，喝樹汁、果汁，但這些主要含糖的食物無法提供足夠的鈉為蝴蝶補充鹽分，促進新陳代謝；原本，牠們可以靠雨水中的鹽分來補充，當雨水降落土地時，就有很多鹽巴可以提供。但在亞馬遜西部的雨水鈉含量卻處於極低的水平，因為它們的雨水來自大西洋，但由於距離大西洋太遠，雨水中的鈉在半路中途不是已經降落地上就是揮發掉。因此從環境中獲取鹽的途徑也變得更少了，這時候，烏龜的眼淚就成為這個地方少有的含鹽物質，所以蝴蝶就會在烏龜的頭上降落，吸取淚水中的鹽。

　　據說，烏龜也不是來者不拒，如果是蜜蜂的話，牠會不斷晃動頭部，試圖把蜜蜂趕走。只有蝴蝶來到，烏龜才會完全接受，表現平靜，可能是因為蝴蝶吸吮的動作比較細微，也可能是蜜蜂的嗡嗡聲響太擾人。當一隻蝴蝶找到烏龜的眼淚後，很容易吸引其他蝴蝶，所以會有群蝶不停降落在烏龜的頭上這奇景。你可以說，這樣也不算騷擾？但事實是，烏龜是完全接納這回事，有些科學家認為，蝴蝶吸入淚水的同時，會淨化烏龜的眼睛，但亦有科學家不同意此說法。

　　除了烏龜，在那個地方的蝴蝶，只要感覺到生物上有鈉，都會親近。所以受益的不只是烏龜，鱷魚淚、甚至人的汗水，牠們都喜歡。所以，想招惹浪蝶？到亞馬遜西部的地方吧。

為什麼蜂蜜不會變壞？

　　任何食物都有保鮮限期，這句話看似無可挑剔，但原來世界上真的有不會變壞的食物——蜂蜜。據說曾有考古學家在距今 3,000 年前的古埃及墓穴中，發掘出保存良好，仍未變壞的蜂蜜。不過，為什麼蜂蜜能保存這麼久呢？

　　原來蜜蜂在製造蜂蜜時，會分泌一種特別的酵素，稱為「葡萄氧化酶」。這種酶在蜜糖成熟的過程中，會把糖分解成葡萄糖和過氧化氫。過氧化氫結合水後，就變成能夠抑制微生物生長的雙氧水，有效阻止蜂蜜變壞。除了葡萄氧化酶外，蜜蜂還會在蜂蜜中釋放多酚、蜂肽、類黃

酮、甲基乙二醛等化學物，這些物質都具有抗菌功能，幫助蜂蜜保存得更久。

此外，蜜糖當中有約 80% 的成分是糖，這種極高糖分的結構並不適合大部分細菌或其他微生物生存，所以蜂蜜受細菌和黴菌感染的可能性很低。加上蜂蜜的質地黏稠，水分子和糖分子結合得非常緊密，所以微生物無法鑽進去，在蜂蜜中發酵或把蜂蜜分解。沒有氧氣讓微生物生存，這些壞分子自然沒有辦法污染蜂蜜，令它們變壞了。

還有一點是，蜂蜜中的葡萄糖酸令蜂蜜的 pH 值介乎在 3.4 至 6.1 之間，屬於酸性的物質。這種特性令蜂蜜不受討厭酸性的細菌歡迎，因此更加不容易變壞。

多重防菌的性質就好像幾道厚厚的防護牆一樣，保護蜂蜜不被微生物污染而腐壞。這使蜂蜜甚至具備醫療用途，可以塗在傷口上，防止燒傷或潰爛的傷口感染和惡化，有效治療傷口。

不過，在運送過程中接觸到的空氣、水和容器有機會帶有細菌，導致蜂蜜被污染和變壞，所以在食用蜂蜜前，還是要好好注意蜂蜜的品質呢！

昆蟲界中的「四不像」？

　　蜂鳥鷹蛾這種生物的名字古怪，你可能會以為牠是蜜蜂、是蜂鳥、是鷹，但其實牠是一種天蛾。這種天蛾又稱為小豆長喙天蛾，牠的外形獨特，習性也與其他生物和蛾類有不少差異。接下來，就讓我們一起了解這種生物的生活習性吧！

　　蜂鳥鷹蛾是南歐和北非的原生動物，不過由於牠們的飛行能力極佳，後來更跨越了洲與洲之間的距離，一直繁殖到亞洲，目前在日本、台灣等地也能找到牠們的蹤迹。在體型方面，牠們的大小與蜂鳥、蝴蝶等生物相似，展開翅膀時大約有 50 毫米左右。牠們擁有灰褐色的翅膀，翅

膀上有黑色的花紋，因此乍看下很像蝴蝶。不過，與纖細的蝴蝶不同，蜂鳥鷹蛾的腹部較粗而肥，顯得比較笨拙，但牠們與蝴蝶同樣以吸食花蜜維生，常常在鮮艷的花叢間拍翼穿梭。由於拍翅膀的速度很快，所以蜂鳥鷹蛾移動時往往會發出嗡嗡的聲音，與蜜蜂和蜂鳥飛行時發出的聲音類似，也正因為蜂鳥鷹蛾與其他生物相似，但又有所不同，所以有些人會稱牠們為昆蟲界的「四不像」。

蜂鳥鷹蛾畢竟不是蜂鳥或蝴蝶，因此與牠們不同也是情有可原的，但原來，即使與同是蛾的生物相比，牠們還是有一項特殊的生活習性。原來一般的飛蛾大多是夜行性的，只會在黃昏後才開始活動，在日出後便會休息。然而，蜂鳥鷹蛾卻是日行性的，日光明媚的時候是牠們活躍的時間，你可以在清晨時分看到牠們與蝴蝶、蜜蜂一起在花間飛舞。到了黃昏之後，蜂鳥鷹蛾就會休息，不會與其他飛蛾同伴一起行動。假如你有幸在花間看見蜂鳥鷹蛾，不妨向朋友介紹這種特別的生物吧！

可以變形的滑翔飛蛇？

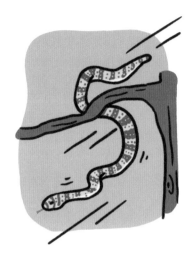

　　俗語說「打草驚蛇」，蛇大多在陸地上爬行前進，但在東南亞出沒的金花蛇卻擁有飛天的特殊能力！金花蛇又稱「飛蛇」，目前已知共有 5 個品種，全部都會分泌毒液。牠們生活在熱帶叢林，擅長攀爬樹木，日常主要棲息在樹上，以捕捉鼠類、鳥類、蜥蜴等生物為生。為了捕食和移動，牠們會在高聳的樹叢間飛來飛去。

　　金花蛇並沒有翅膀，那為什麼牠們能夠飛翔呢？原來金花蛇擁有壓縮肌肉的本領，可以把自己的身體壓成扁平的樣子，令自己的身體寬度變成高度的兩倍。這使金花蛇在高樹跳躍下來時，身體有更大的面積接觸到空氣，從

而加強空氣的阻力，大大延長牠們在空中停留的時間。就好像人類在天空中打開寬闊的滑翔傘，減慢下降的速度一樣。也因如此，即使金花蛇並不像鳥兒一樣擁有翅膀，也不像飛鼠一樣擁有輔助滑翔的器官，仍然能在樹與樹之間滑翔。

當金花蛇飛到半空後，牠們會不斷擺動肌肉，迅速做出無數個 S 型的姿勢。這種姿態不但可以為滑行提供動力，還可以通過改變身體的角度，調整飛行的方向，幫助金花蛇前往目的地。有研究指，金花蛇滑翔的本領和精準度，甚至比鼯鼠等具有飛膜的生物更高。

除了壓縮身體外，金花蛇還擁有極強的彈跳力，所以牠們起跳時能一下子彈到高處，可延長牠們在空中停留的時間。

一般而言，金花蛇的飛行距離可以超過 10 米以上，更曾有攝影師紀錄到金花蛇滑翔超過 24 米，這個飛行距離是鼯鼠望塵莫及的。不過，別以為體型愈大的金花蛇愈擅長滑翔，恰恰相反，體型小的金花蛇較輕盈，滑翔時風阻更少，所以比大蛇更擅長滑翔呢！

為什麼金甲蟲會熠熠生輝？

　　金甲蟲是尋寶、冒險等影視題材中常見的昆蟲。這種昆蟲的學名是金龜子，有超過 3 萬個品種。牠們渾身金光閃閃，會隨着不同角度的光線照射，幻變出繽紛的色彩，看起來如夢似幻，因此吸引不少昆蟲學家或愛好者研究。到底牠們絢麗的顏色背後藏着什麼秘密？就讓我們一起把謎團解開吧！

　　讓金甲蟲熠熠生輝的秘密就是薄膜光學。簡單來說，這是各種極薄的光學材質由於光的互相干涉和折射，因而顯示出七彩顏色。當光波進入薄膜之中，會被分成兩種光波，多面薄膜則會折射出多種光波。不同光波之間會互相

干涉，令光譜在薄膜上重新分佈，基於不同的光線波長呈現不同顏色，最終反射出多彩的光線。在生活當中，產生薄膜光學的情況很常見，比如我們日常在肥皂泡、油漬上看到不同顏色的光環，便是由薄膜光學帶來的影響。

　　金甲蟲的身體和翅膀上都有一種被稱為「幾丁質」的物質，這種物質令甲殼表面呈螺旋形結構，每一層都與鄰層相差一個角度，形成許多互相平行的紋路。加上翅膀底部的幾丁質最厚，然後沿着翅膀伸展，到邊緣逐漸減少，所以金甲蟲全身上下佈滿不同角度和厚薄的薄膜。光線射在牠們身上後不斷折射，在牠們身上交織，產生薄膜光學的反應，在牠們身上鋪上一層像珠寶一樣閃亮多變的色彩。有研究發現，哥斯達黎加金甲蟲翅膀反射的光線波長大約是 515 納米，這個區間的反射光譜，與黃金反射的光譜十分相似，意味着金甲蟲身上反射的顏色與黃金反射的顏色相當接近。我們或許可以說，金甲蟲就是在自然界中有生命的黃金。

鐵線蟲的迷幻大法？

　　自然界中，有不少生物會寄宿在別的生物身上，這種生物稱為寄宿生物或寄生蟲，而被依附的動物則稱為宿主。在眾多寄生蟲之中，鐵線蟲可說是令人聞風喪膽，因為牠們會指揮自己的宿主跳進水中尋死。

　　鐵線蟲又稱為馬毛蟲、馬鬃蟲等，是一種原口動物，成蟲體型可以達到 1 米。不同品種的鐵線蟲生長環境不同，但大多居住在臨近水源的地方。鐵線蟲的幼蟲身體有一個鑽孔裝置，可以鑽進宿主體內。牠們主要寄生在蟋蟀、螳螂等肉食昆蟲身上，吸取宿主的營養，慢慢從幼蟲長大變為成蟲。被鐵線蟲寄生的動物其生殖能力會被

破壞，外觀也會漸漸變形。這是因為鐵線蟲會控制宿主，令牠們把一切養分供給自己使用，避免宿主把營養浪費在繁殖下一代上。

　　隨着鐵線蟲的成長，牠們寄生的宿主會漸漸被反光的水源吸引，因而主動跳下水。原來鐵線蟲必須在水中產卵和繁殖，為了這個目的，鐵線蟲會控制宿主體內的蛋白質，從而掌控宿主的中央神經系統，支配宿主的視覺相關系統，令宿主產生被水吸引的反應，最終跳進水源自殺。這樣鐵線蟲便能離開宿主的身體，順利進入繁殖的最佳地點。在水中繁殖後，鐵線蟲會繼續藏身在水中。當昆蟲來到水源喝水時，鐵線蟲便會抓緊機會，寄宿到新宿主體內，周而復始地重覆寄生、殺害宿主、繁殖和再次尋找宿主的過程。

　　雖然鐵線蟲並不會寄生於人類身上，不過牠們攜帶着大量細菌，可能會令我們生病。假如在野外需要喝水時，特別要留意水源附近有沒有昆蟲的屍體。如果有的話，水源很可能已經被鐵線蟲感染，不適合飲用。

哪種動物比人類更早移居到外太空？

　　現今科技發達，但距離人類移民到別的星球，還有很長的路程要走。可是，有一種地球上的生物已成功移民到月球，那就是——水熊蟲。

　　水熊蟲是緩步動物的俗稱，這種生物又稱為苔蘚豬，由頭部和 4 個身體節組成，擁有 4 對腳，每對腳末端都有爪子或吸盤，以含類胡蘿蔔素的食物為主要糧食。人類一般無法以肉眼看到水熊蟲，因為這種蟲子非常細小，大部分不超過 1 毫米，最小的更只有 50 微米。不過，水熊蟲雖然微細，卻能克服極端環境，堅毅地生存。

在 2007 年，水熊蟲已經成為第一種在太空仍能存活的動物。到了 2019 年 4 月，一架以色列月球探測器在月球表面意外墜毀。這架探測器上盛載着脫水後處於休眠狀態的水熊蟲，有美國學者認為，水熊蟲在降落月球後，很大機會還能繼續存活。

　　原因無他，因為水熊蟲能在攝氏 -273 度至 150 度的極端環境中生存，更特別的是，即使在脫水數十年後，水熊蟲還能復活。曾有科學家以水熊蟲作為研究對象，發現牠們在脫水後，會縮起頭部和腿，蜷成一個小球，進入深度睡眠狀態。在這種沉睡狀態下，水熊蟲幾乎完全脫水，新陳代謝率更會降低至正常的 1%。這時，只要再次接觸到水，水蟲熊就能重獲新生。

　　目前，有些科學家計劃回到月球，把遺留在當地的水熊蟲樣本帶回地球，再觀察登陸月球對牠們的影響。假如這項實驗能夠實行，相信能促進地球生物科技向前邁進一大步。

　　日後當你抬頭望向月亮時，不妨想像那兒不只有嫦娥和吳剛等着回家。經過脫水的水熊蟲也在那裏，正等候科學家把牠們帶回地球，推動人類科研。

勤奮的螞蟻群中
竟然有「懶惰蟻」？

要在動物界找一個勤力的代表，那必然就是螞蟻。但有科學家發現，不是每一隻螞蟻都是勤力的，高達 40% 的螞蟻，其實是「懶惰蟻」（Lazy Ants）。

這是由美國亞利桑那大學的昆蟲學者 Daniel Charbonneau 和 Anna Dornhaus 在 2015 年的發現。他們說，當其他螞蟻（工蟻）在勞動時，「懶惰蟻」就只會坐在那兒無所事事，但也有時候會在巢裏做些雜務，或照顧其他工蟻和螞蟻的卵，不過比起「全年無休」的「勞動蟻」，「懶惰蟻」不知是令人羨慕還是為人所不齒。

不過，螞蟻本身是一個有結構有階級的物種，「懶惰蟻」應該也有「懶惰蟻」的意義。兩位昆蟲學者曾經做過幾個假設，例如「輪班工作」之類，但也未能好好解釋這情況。而最近，他們好像找到答案了！

首先，為了識別不同的蟻，他們用上了「蟻體彩繪」，在螞蟻身上點上顏料，以識別每一隻螞蟻。他們在亞利桑那的聖卡特琳娜山脈（Santa Catalina Mountains）的切胸蟻（Temnothorax rugatulus）身上做實驗，首先分辨出「勞動蟻」和「懶惰蟻」，然後分別把牠們移出蟻窩，看看會發生什麼事。

他們發現，如果把佔所有螞蟻中 20% 的「最優秀勞動蟻」移走，那些「懶惰蟻」就會接替牠們的位置，勤力起來；不過，如果移走 20% 的「懶惰蟻」，「勞動蟻」卻不會乘機偷懶休息，而是繼續自己的工作。很明顯，「懶惰蟻」是後備，隨時可以上場，但「勞動蟻」彷彿不會累的，所以就一直輪不到牠們上場，「懶惰蟻」成為永遠不用落場的超級後備。

另有一個說法是，「懶惰蟻」是在作觀察。在一個類似的實驗中，研究人員斷絕了螞蟻的食物來源，這時候「勞動蟻」顯得不知所措，反而「懶惰蟻」挺身而出，在其他地方找到了食物。

究竟「懶惰蟻」還有沒有其他作用？或許，只能問問蟻后了。

擬態第一的蘭花螳螂？

　　為了生存，不少生物都會模仿生活環境附近的事物，令自己能融入環境之中，減少被天敵發現的機會，例如控制身體的顏色，隨周遭的景物變化。這種特別的生存技巧稱為「擬態」，而當中的擬態高手，就非螳螂莫屬。

　　螳螂又稱為刀螂，屬於昆蟲綱下的螳螂目。這種昆蟲有着倒三角型的頭，還有兩隻巨大的「捕捉足」，身體和腿節修長，看起來纖細而優美。牠們主要生活在溫帶到熱帶的樹林，這些地方植被茂密，四周有豐富多樣的植物，形成了適合不同種類的螳螂模仿、融入當中的絕佳環境。

蘭花螳螂是擬態螳螂中的「明星選手」，這種螳螂生長在馬來西亞的熱帶雨林，當地盛產不同種類的蘭花，蘭花螳螂因此順勢偽裝成美麗的蘭花，隱藏在雨林之中。牠們第一次蛻皮後，就會從紅黑色轉變成白色和粉紅色，與蘭花常見的顏色十分相似。牠們更會跟隨四周的花朵來調整自己的顏色，有時變成淡粉紅，有時化成嬌艷的紫紅色。加上蘭花螳螂經常以倒掛的方式棲息在植物上，更令牠們好像一朵含苞待放的蘭花，能完美地隱藏自己，不被蝙蝠、蛙類、鳥類等天敵發現。

　　除了保護自己外，蘭花螳螂的擬態也能幫助牠們捕食。螳螂是一種肉食昆蟲，牠們主要以果蠅、蜜蜂等小型昆蟲為糧食。這些獵物大多是訪花昆蟲，能夠識別花卉鮮艷的顏色，向着目標前進。蘭花螳螂像花一樣美麗的色彩正正在蜜蜂科的視覺光譜之內，令蜜蜂以為牠們是自己採花蜜的對象，直直向蘭花螳螂這個捕食者飛來。因此有些昆蟲學家主張蘭花螳螂的擬態不僅具有保護作用，也能歸類為「攻擊型」的擬態。

蜘蛛為什麼不會被自己的蜘蛛絲黏在網上？

　　一套（還是幾套？）電影，令大家對蜘蛛着迷了。我們都想在手中發射蜘蛛絲，飛簷走壁。但事實上，真正的蜘蛛只會在一定的範圍內織網。為什麼牠要織網？一是要保護下一代，二是要捕食。

　　保護下一代很簡單，就是當蜘蛛媽媽產卵後，會結一張網把蜘蛛寶寶包裹着，好好保護起來。至於捕食，蜘蛛在大自然中，是一種防守攻擊型的物種。牠們不會四處捕獵，而是用一個以逸待勞的省力方法，在自己的地盤結網，然後等待獵物送上門。

牠們的獵物是蟲子。蟲子降落到蜘蛛網上會被黏着，動彈不得，這時候，蜘蛛就會一步步的爬向獵物，如果此刻你是那條蟲，應該會感到那一股恐怖吧。不過，原來蜘蛛是不吃固體食物的，所以捕獲蟲子之後，並不會馬上把牠吃掉，而是用蜘蛛絲把蟲子活活的包裹起來，然後注入消化液，蟲子的身體就會慢慢被消化成液體，當蜘蛛肚餓時，就會把液體吸掉，最後剩下一個蟲子的空殼。

　　剛才說蜘蛛以逸待勞，其實並不完全正確，因為結網這回事，也不是十分省力。蜘蛛網其實是從蜘蛛口中吐出的蛋白質來的，所以生產一張蜘蛛網，就會消耗很多代表力量的蛋白質，然而這個網的黏力是有時效的，一般不過一天就黏不着蟲子了，所以蜘蛛每天都會把過了使用日期的網吃掉（也算是補充蛋白質？）然後再結出新網。

　　因此，很多電影以「這間屋有很多蜘蛛網」為理由，判斷很久沒有人住，其實是錯的。因為蜘蛛一天就可以結一個網。

　　最後要談的是，既然蜘蛛網有黏性，為什麼牠不會黏住自己？原來蜘蛛會吐出兩種蜘蛛絲，一種沒有黏性的，作為蜘蛛網的結構；而有黏性的，就用來捕食。絲是蜘蛛自己吐的，知道哪一條有黏性而不踩上去，是非常合理的。

可以用眼睛自救的
大角蜥？

　　說到動物能作攻擊用途的器官，你可能會想到尖牙和利爪，但你有沒有想過，眼睛也可以成為攻擊的武器？有「迷你哥斯拉」之稱的大角蜥就擁有以眼睛擊退敵人的「特異功能」。

　　大角蜥屬於爬蟲類角蜥屬，主要在北美洲出沒。不過，與名字正好相反，大角蜥的體型非常嬌小，體長只有7至12厘米長，體重不足100克，比手機還要輕盈小巧。這種動物的身體是棕啡色的，在北美洲的野外中形成保護色。牠們全身長滿粗糙的皮和鱗片，頭上、背上和身體兩側都佈滿凸起的尖刺，加上頭頂的尖刺特別巨大，因此稱

為「大角」蜥。大角蜥的尖刺不只看起來帥氣，而且能保護牠們，使來自空中的捕食者不容易抓住牠們的頭部，也不容易吞下牠們。

雖然體型嬌小，但大角蜥的攻擊力絕對不容輕視。一隻不足 100 克的大角蜥能夠拉出 0.7 公斤的拉力，至於衝擊力足足是體重的 7 倍。要知道體重 900 公斤的公牛，撞擊力也只是體重的 3 倍，即約 2,700 公斤左右。如果大角蜥變成公牛的大小，牠的攻擊力可超過 6,000 公斤，絕對是名副其實的「大力士」！

當遇到攻擊時，大角蜥會控制血液的流動，提升血壓，令眼睛附近的微細血管爆破，從眼睛噴出毒血自衛。這些毒血能噴到 1.7 米以外，足足是大角蜥體長的 9 倍。假如把大角蜥放大成消防車的尺寸，牠們的毒血可以噴射至 110 米遠，足足比香港最大型的 53 米雲梯消防車遠一倍有多。毒血的攻擊距離不只長，而且帶有濃烈的氣味。對於嗅覺靈敏的捕獵者，如犬科的狼、狗和貓科的豹貓、美洲獅等而言，毒血的味道非常難聞，一嗅到，這些捕獵者便會避之則吉，自然不會傷害大角蜥了。

殺人蠍子的毒液
具醫學用途？

　　一雙巨大的鉗足和尾巴的毒針是蠍子的標誌，目前世界上有超過 1,700 種蠍子，當中大部分都帶有毒針，不過，原來只有 25 種蠍子能威脅到人類的生命安全，以下介紹的蠍子，就是世界頂尖的用毒高手。

　　黃肥尾蠍是全球最毒蠍子的第五位，這種蠍子體型粗壯，尾巴肥大，性格兇殘，會主動攻擊接近牠們的生物。牠們的毒液半數致死量（LD50）是每公斤 0.32 毫克，意思是對付每一公斤的生物，只要使用 0.32 毫克的毒液，便能殺死一半的實驗動物。比如同樣以毒聞名的眼鏡蛇，其毒液 LD50 約是每公斤 1.3 至 1.7 毫克，黃肥尾蠍的毒

性足足是眼鏡蛇的 5 倍！

　　第三位是墨西哥劇毒紅刺尾蠍，這種蠍子外型呈琵琶形，身形分節明顯受到攻擊時，會使用每公斤 0.31 毫克的毒液殺死敵人。而並列第三的北非黑肥尾蠍毒液同樣是每公斤 0.31 毫克，牠們像黃肥尾蠍一樣體型粗大，不過全身黑色。麻痺神經是這種蠍子的拿手好戲，中毒後會導致呼吸衰竭而死亡，加上牠們的注毒量驚人，比其他蠍子對人類更加危險。

　　第二位的希臘齒鉗蠍體型比 1 元硬幣還小，毒液 LD50 卻達到驚人的每公斤 0.19 毫克。只是由於注毒量少，所以這種蠍子對人類的威脅相對較低。

　　雄踞榜首的以色列金蠍又稱為「以色列殺人蠍」，是沙漠中的惡霸，攻擊速度極快。牠們的毒液 LD50 為每公斤 0.16 毫克，在世界十大毒王中名列第五，令人聞風喪膽。不過，牠們的毒液中含有蠍氯毒素，可幫助人類辨認腫瘤，加上牠們產毒量極少，因此 1 加侖的毒液可以售出 3,900 美元的天價，真想不到致命的毒藥也大有用處呢。

蚊怕水原來是隱形藥？

　　每到夏天，蚊子總是在我們身邊飛來飛去，叮得我們又痛又癢。為了防止被蚊叮咬，不少人都會在身上噴上「蚊怕水」。不過，為什麼蚊會怕「蚊怕水」呢？其實，蚊並不害怕蚊怕水，只是蚊怕水中的成分能夠令蚊尋找人類的機能失效，從而達到防止蚊叮的效果。

　　二氧化碳和氣味都是蚊子尋找目標的標準。雌性的蚊子為了育兒，會以吸血的方式來攝取蛋白質等營養。牠們擁有特殊的感應器，能夠在 30 米內探測人類呼吸時噴出的二氧化碳，然後逆着氣流飛行，接近進食的目標。當蚊子進入人體 2 米範圍內，牠們便會追蹤到人體的氣味，並

鎖定食物的位置。也因如此，體溫較高、體味較重的人，會較容易被蚊子叮咬。

　　為了擾亂蚊子尋找人類的神經，科學家做了不少研究，最終找出幾種能有效防蚊的物質。避蚊胺是其中一種特別的人工化合物，這種物質早在 50 年代左右已經獲美軍接受，廣泛應用在驅除蚊子的用途上。通過使用避蚊胺，可以有效干擾蚊蟲觸角上的化學感應器，令牠們無法感受溫度和氣味，自然不能夠接近人類，吸食血液。

　　除了避蚊胺外，派卡瑞丁、驅蚊酯、檸檬尤加利精油、檸檬桉醇和 2- 十一烷酮都是美國疾病預防與控制中心認證的驅蚊成分，同樣能夠擾亂蚊子的神經，令我們暫時從牠們眼前「隱形」，逃離牠們的魔掌。不過，不同驅蚊成分維持的時間不同，比如驅蚊酯的有效時間較避蚊胺短。有些驅蚊成分如派卡瑞丁又可能會損壞塑膠纖維、引起兒童不適和敏感等，因此在選用防蚊產品時，應該要注意產品的成分，才能避免使用後出現過敏反應。

走進恐龍時代

恐龍之最？

關於恐龍之最，你知道多少？

首先是史上第一種的恐龍，也就是現存發現最早出現的恐龍，它是始盜龍，最早出現在 2 億 2800 萬年前，是一種小型的食肉恐龍。

如果用體型去劃分，最大的恐龍是阿根廷龍，身高達 12 米，生存在 1 億年前。最重的恐龍是易碎雙腔龍，有 150 噸重，由於牠不是直立式的，所以沒有身高，只有身長，大約 40 至 58 米之間。而最長的恐龍則是地震龍，在 42 至 67 米之間，聽說牠們走路的時候會引起地震，所以

叫地震龍，牠活在 1 億 3600 萬年前至 1 億 6200 萬年前的侏羅紀晚期。至於最小的恐龍，相信有看過電影的都會有印象，是可愛的美鴿龍，只有 0.26 公斤重，像一隻火雞大小，如果生於這時代，你會以為可以烹調牠呢。美鴿龍生活在大約 1 億 5000 萬年前的歐洲地區。

恐龍也可活在水中，霍夫曼滄龍被認為是水中最強的恐龍，主要是因為牠在水中是最大的，達 17 米。不過世界上最大的海洋物種藍鯨有 33 米長，看來霍夫曼滄龍在水中絕對有對手！而在陸地上，跑得快的確很重要，跑得最快的恐龍是生存於晚白堊紀的傷齒龍，跑得快的先決條件是身型小，所以傷齒龍是一種小恐龍，身長只有 2 米，而其奔跑速度達到每小時 80 公里，你能跑得快過牠嗎？

最後談一些有趣的。比如爪子最長的恐龍是鐮刀龍，看看牠的圖片，或許你會覺得某個《數碼暴龍》的角色是以牠為藍本的。龍如其名，牠的利爪像鐮刀一樣，長達 75 厘米，任何恐龍看見牠都要小心。此外，腦子最小的恐龍，是你我都認識的劍龍，牠的身型龐大，有 7 至 9 米長，但頭部卻非常小，大腦只有 80 克，佔整條龍體重的 0.000004%。但腦袋小是否表示不聰明？問題是，恐龍是聰明的動物嗎？

小鳥居然是由
恐龍進化出來的？

　　小鳥就是恐龍？人類在確定這個答案之前，曾經歷過多重的探索。

　　這過程首先從英國生物學家赫胥黎（Thomas Henry Huxley）開始。1862 年，他在德國發現了「始祖鳥」（Archaeopteryx）的化石，並利用科技復原了這生物……的形狀，發現牠有翅膀和尾巴，另有異常鋒利的牙齒，上三趾有彎爪，尾巴是骨質的，以上特徵讓赫胥黎想起了細頸龍所屬的這些小型食肉獸腳亞目恐龍。獸腳亞目恐龍有什麼品種？最著名的就是霸王龍。難道暴龍跟小鳥是同種嗎？

問題是，恐龍要變成鳥類，就一定要變出兩大特徵：變小，變羽毛。1996 年，在中國遼寧發現了後來命名為「孔子鳥化石」的新恐龍化石，這是全身長了羽毛的恐龍，為小鳥就是恐龍的論述提供了有力的證據。接下來，科學家在遼寧找到了超過 20 種有羽毛的恐龍化石，包括霸王龍的原始親戚。再後來，科學家也發現了鳥類和恐龍的呼吸系統，竟然是完全相同的。

　　剩下的問題是，恐龍如何變小？2014 年，科學家找到了一個他們認為的答案：瘦身。這是他們根據 120 種恐龍的 1,500 多個解剖特徵所得出來的答案。獸腳亞目恐龍在其他恐龍不斷變大的同時，牠們卻反其道而行，身體極速變小，是其他恐龍變大速度的 160 倍：2 億 1000 萬年前，牠們的平均體重是 163 公斤，到 1 億 6000 萬年前，已經降至 0.8 公斤。

　　為什麼要變小？相信是因為牠們要飛，就要在翅膀力量與身體重量之間拿一個平衡點。至於變小的方法，是幼態延續，讓剛出生的恐龍保持着體型，並且不再長大，相反腦袋和眼睛則繼續發展，久而久之，體型就變得愈來愈小，但這個「久而久之」，也足足花了 5000 萬年。

　　當然，恐龍進化成鳥這說法當中，還有許多未被解答的細節問題，比如翅膀是什麼時候長出來、為什麼不被滅絕等。這就有賴科學家繼續努力了。

牠們都是恐龍的親戚？

　　在爬行的生物中，追溯到遠古時代的最初，有一類叫主龍類（Archosauria），希臘文的意思是「具優勢的蜥蜴」，什麼動物是主龍類呢？現在還存在的，是鱷魚和小鳥；已經絕種的，有恐龍和翼龍。

　　以上這句話，帶有幾個有趣的資料：恐龍和翼龍是兩種不同的物種。原來，翼龍包括翼手龍，跟恐龍活在同一個時代，但牠們並不是恐龍，只是同屬主龍類！簡易說明即是有親屬關係，但並非同一個家庭，而且分支出來之後，就各自進化成不同的特徵，比如翼龍會飛，恐龍就不會。

另一樣有趣的是鱷魚也是恐龍的近親。與恐龍和翼龍相比，鱷魚就再遠房一些，不過在現存的生物中，如果承認鳥類是恐龍的進化，那麼鱷魚就成為恐龍唯一仍然倖存的遠房親戚。不過，近來科學家連烏龜也歸入了主龍類，恐龍的遠房親戚，恐怕會愈來愈多。

有關小鳥就是恐龍的說法，當中較為有趣而為人忽略的是，企鵝也是鳥的一種，所以企鵝也是恐龍。根據企鵝骨骼的特徵，我們可以很完整地追溯到一條長達 1 億 5000 萬年的遺傳鏈。當時，由於某些鳥（恐龍？）喜歡玩水，牠們的屍體沉在海底，後來被挖掘出來，成為進化學上的證據。

說回恐龍，從三疊紀到侏羅紀，直到白堊紀末期，恐龍統治了地球超過 1 億 6000 萬年。我們都籠統地以為所有恐龍都是存活在同一時代的，如果有一部時光機，回到恐龍時代，就會像看電影《侏羅紀公園》一樣，見到各種形形式式的恐龍。但事實不然，比如劍龍出現在侏羅紀時期，而霸王龍則直到白堊紀時期才出現，比劍龍晚了 8000 萬年，這兩種恐龍，根本從未見過面。我們在電影中看見的，都只是人類的想當然。

或許你會問，我們能否複製恐龍？原來，DNA 的有效期只有 200 萬年，而恐龍在地球的最後一段歲月大約是在 6500 萬年前，所以是完全不可能複製的了。

教科書沒有告訴你的奇趣冷知識 動物篇

編　　　　　者	明報出版社編輯部
助 理 出 版 經 理	周詩韵
責 　 任 　 編 　 輯	陳珈悠
文 　 字 　 協 　 力	潘沛雯
繪　　　　　畫	Winny Kwok
美 　 術 　 設 　 計	郭泳霖
出　　　　　版	明窗出版社
發　　　　　行	明報出版社有限公司
	香港柴灣嘉業街 18 號
	明報工業中心 A 座 15 樓
電　　　　　話	2595 3215
傳　　　　　真	2898 2646
網　　　　　址	http://books.mingpao.com/
電 　 子 　 郵 　 箱	mpp@mingpao.com
版　　　　　次	二〇二二年五月初版
	二〇二三年六月第二版
I 　 S 　 B 　 N	978-988-8688-55-5
承　　　　　印	美雅印刷製本有限公司